人工智能创新创业十讲

Innovation and Entrepreneurship in the AI Era

李华晶◎编著

机械工业出版社
CHINA MACHINE PRESS

图书在版编目（CIP）数据

人工智能与创新创业十讲 / 李华晶编著 .-- 北京：机械工业出版社，2021.9（2025.1 重印）
ISBN 978-7-111-69068-9

I. ①人… II. ①李… III. ①人工智能 – 研究 ②创业 – 研究 IV. ① TP18 ② F279.232.2

中国版本图书馆 CIP 数据核字（2021）第 181076 号

　　人工智能无所不能，人文智慧无所不包，创业者的创新行动无处不在，人工智能创新创业是无尽的前沿。本书响应中国高质量发展和技术创新的新时代诉求，紧跟人工智能创新创业的理论前沿和实践探索，从思维到行动，从传统到现代，从自然到人文，从模式到场景，通过人工智能和创新创业的学科交叉、理论融合与管理变革，实现人工智能硬技术与人文智慧软思想的成功牵手。本书的内容特色主要体现在：融合人工智能技术与人文智慧思想，联结技术创新行动与创业管理思维，设计人工智能创新创业的知识体系，打通人工智能创新创业的节点问题，撷取人工智能创新创业的实践动态，共创人工智能创新创业教育的未来。本书旨在让人工智能为创新创业赋能，让创新创业为人工智能增智，通过知识体系创新和教学设计探索，为培养高质量人工智能创新创业人才服务。

　　本书适用于高等学校及科研院所经济管理类专业的本科生、研究生和 MBA 学员，也适合非经济管理类专业的学生自学使用，同时，本书及其慕课还可以为"新工科""新文科""新商科"交叉研究和教学设计提供参考，对技术创新和创业管理领域的实践者也具有启发价值。

出版发行：机械工业出版社（北京市西城区百万庄大街 22 号　邮政编码：100037）
责任编辑：吴亚军　　　　　　　　　　　　　　　责任校对：殷　虹
印　　刷：北京建宏印刷有限公司　　　　　　　　版　　次：2025 年 1 月第 1 版第 4 次印刷
开　　本：185mm×260mm　1/16　　　　　　　　印　　张：13.25
书　　号：ISBN 978-7-111-69068-9　　　　　　　定　　价：49.00 元

客服电话：（010）88361066　68326294

　　人工智能是具有头雁效应的创新技术，是推动社会进步的创业力量，不仅为人类生产生活带来了机遇和挑战，也为新事业创立和新价值创造开辟出广阔空间。因此，创新创业者有必要了解人工智能所代表的数字经济时代的重要特征，及时跟进和认识人工智能嵌入下的创新创业实践的最新变化，从而更好地开展人工智能与创新创业融合的前沿探索。

　　为了采撷人工智能硬技术与创新创业软思想碰撞出的火花，激发创新创业者拥抱人工智能、激活人工智能的创新创业价值，本书以人工智能创新创业为主题，通过十讲内容呈现人工智能创新创业的基础知识、实践探索和问题反思。

　　本书设计特色主要体现在以下六个方面：

　　一条主线——紧扣人工智能与创新创业融合的主线。

　　二元属性——兼顾人工智能的数字技术属性与创新创业的经济管理属性。

　　三层定位——整合学科交叉的理论定位、情境不确定性的实践定位、服务社会的价值定位。

　　四个面向——遵循面向科技前沿、面向经济战场、面向国家需求、面向美好生活的指向。

　　五大模块——十讲内容分为五大模块和相应要点（见图 P-1），一是基础模块：谋融合，二是主体模块：强领导、守伦理，三是行动模块：建生态、塑思维、设模式、重精益，四是环境模块：拓区域、善治理，五是展望模块：育人才。

六栏专题——设计了"中国风""硬科技""冷知识""软思想""热应用""他山石"六个专栏以丰富内容、启发思考。

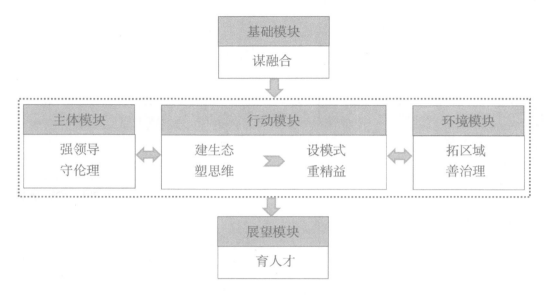

图 P-1　本书的五大模块及其要点

编写本书的初始想法，要感谢我的导师、南开大学张玉利教授。2019 年上半年，我在"NET2019"公众号（关注创新创业的协同促进网络平台）上主持了"AI 创业"专栏，在撰写系列文章、梳理实践案例和探讨前沿问题过程中，逐渐形成了本书思路和总体框架。张老师在"AI 创业"专栏首篇文章留言中，引用了有关人工智能研究报告的一句话："在人工智能时代，人类要与人工智能一起工作和生活，为此，教育领域需要进行广泛而系统的响应来让每个人对此有所准备。"（Education and training systems need to take system-wide response to prepare human to live and work together with AI in the AI era.）这也是本书的出发点，即通过人工智能与创新创业的融合、探索，为读者在人工智能时代的工作生活带来学习启发、提供行动参考。随后，与诸长征博士的反复交流和富有思想的探讨，帮助我明确了全书的逻辑体系与谋篇布局。

本书的完成得到了众多学界前辈、同仁及师友给予的大力指导和悉心帮助。张玉利教授和中国科学院大学姜卉教授参与了"学堂在线"慕课平台上线的配套慕课"人工智能与创业智慧"的录制，两位老师的精彩讲授为本书增色良多；慕课助教樊菲（中国人民大学）、王祖祺（北京大学）、陈睿绮（北京林业大学）、庞雅宁（北京理工大学）、李璟琦（西北工业大学）等同学提供了认真细致的教学协助；我此前在机械工业出版社出版的《创业管理（四季版）》及其配套慕课"创业管理四季歌：艺术思维与技术行动"，得到很多读者和慕课师生的热情反馈，为本书编写提供了参考；本书引用的参考文献和实践素材，也为本书提供了观点支撑和生动案例；机械工业出版社编辑的辛勤细致工作，一如既往展现了机械工业出版社团队的专业和高效。在此，一并表示诚挚谢意。

本书的编写得到了北京林业大学教材建设项目（2021年度）、北京市共建项目–教学名师项目（编号2019GJMS003）和北京林业大学教育教学研究名师专项项目（编号BJFU2018MS002）的资助。本书在"学堂在线"慕课平台上线的配套慕课"人工智能与创业智慧"被评为全国生态文明信息化教学遴选成果（A）、学校精品在线开放课程，本书及其课件和习题材料的问世，将便于各位读者和慕课学习者的学习使用。

人工智能创新创业是全新的前沿交叉课题，实践在不断迭代更新，理论仍在探索完善，欢迎大家对本书提出宝贵的意见和建议，期待与您共同探讨人工智能创新创业的新问题和新主张，携手推动我国人工智能创新创业人才培养。

李华晶

2021 年 7 月

目录·CONTENTS

前 言

第一篇 基础模块：谋融合

第一讲 导论   3

中国风···中国的机器人鼻祖   3

第一节 人工智能与人文智慧   4

一、无所不能的人工智能   4

硬科技···人工智能的弱、强、超   6

二、无所不包的人文智慧   7

冷知识···图灵测试   8

软思想···哲学家的"中文屋"思想实验   10

第二节 人工智能与创业行动   11

一、无处不在的创新创业   11

二、科技革命与创业行动   13

热应用・・・创业"钢铁侠"的脑机接口 15

三、人工智能的创业框架与创新前沿 15

他山石・・・日本的第五代计算机 18

思考讨论・・・面对"奇点"时刻的乐与悲 19

第二篇 主体模块：强领导、守伦理

第二讲 人工智能与创业型领导 23

中国风・・・物物而不物于物 23

第一节 人工智能加速经济增长 24

一、人工智能与人类劳动 24

二、人工智能与经济增长 25

冷知识・・・"全民基本收入"社会实验 27

第二节 人工智能亟待领导转型 27

一、科学管理思想 28

二、人工智能时代的领导转型 29

软思想・・・量子领导者的思维 31

第三节 人工智能创业的领导创新 32

一、人工智能成为好帮手 32

二、人工智能成为好助手 33

热应用・・・人工智能如何招人和裁人 34

三、人工智能成为好推手 35

四、劳动者都是光荣的 36

硬科技・・・新冠疫情防控中的人工智能 36

他山石・・・阿兰・图灵成为英镑新钞人物头像 37

思考讨论・・・人工智能带来的新职业 38

第三讲　人工智能技术创新与创业伦理 39

中国风···崇德向善 39

第一节　人工智能技术创新的伦理问题 40

一、人工智能技术创新的伦理责任 40

硬科技···换脸和偷懒的人工智能 40

二、人工智能技术创新的伦理难题 42

第二节　人工智能伦理的行动主体 44

一、算法、算力与算料的伦理主体 44

冷知识···信息权、隐私权和数权 46

二、创业者是人工智能伦理方向的整合者 47

软思想···规范伦理学四种进路 49

第三节　上善若水的人工智能创业伦理 49

一、人工智能创业伦理的行动方向 49

二、人工智能创业伦理的反思探索 51

热应用···人工智能缩小"数字鸿沟" 52

他山石···德国的自动驾驶道德准则 53

思考讨论···人工智能促民生、升福祉 53

第三篇　行动模块：建生态、塑思维、设模式、重精益

第四讲　人工智能创业生态系统 57

中国风···天人合一 57

第一节　创新与创业生态系统 58

一、技术创新与社会技术系统 58

二、创业生态系统 59

冷知识···生态位与内卷化 61

第二节　人工智能创业生态系统构成　　62

一、技术创新　　62

热应用···全球最快人工智能训练集群产品　　63

二、制度设计　　64

三、创业主体　　66

第三节　基于都江堰的人工智能创业生态系统建设　　67

一、都江堰生态工程的山、水、人　　67

软思想···命运共同体　　69

二、三大主体工程与创业节点问题　　69

硬科技···当人工智能遇到量子　　72

他山石···美国的人工智能生态　　73

思考讨论···人工智能创业生态系统比较　　74

第五讲　人工智能创新创业思维变革　　75

中国风···知行合一　　75

第一节　创业思维与管理思维　　76

一、创业思维　　76

冷知识···人工智能如何学习　　77

二、创业思维与管理思维异同　　78

第二节　创业思维的人工智能情境　　81

一、情境嵌入与认知行为　　81

二、不确定性与 VUCA 情境　　82

软思想···人工智能为何易解困难问题、难解简单问题　　84

第三节　人工智能思维的创新主张　　85

一、从人工智能"三驾马车"看创新创业思维变革　　85

热应用···改变商业世界的智能决策　　86

硬科技···集成电路：从实现电路小型化到体现

　　　　　　学科交叉化　　　　　　　　　　　　87

二、从人机协作"一体系统"看创新创业思维变革　　88

他山石···法国的人工智能与人文素养　　　　92

思考讨论···问题解决与思维习惯　　　　　　92

第六讲　人工智能商业模式设计创新　　　　　　93

中国风···循环图式　　　　　　　　　　　　93

第一节　商业模式设计　　　　　　　　　　　　94

一、商业模式　　　　　　　　　　　　　　　94

硬科技···落地商业场景的人工智能技术　　　95

软思想···先前图式　　　　　　　　　　　　97

二、商业模式设计　　　　　　　　　　　　　97

热应用···商业模式类型　　　　　　　　　　100

第二节　人工智能与商业模式创新　　　　　　　100

一、商业模式创新与技术创新　　　　　　　　100

冷知识···新业态新模式　　　　　　　　　　102

二、人工智能商业模式的创新挑战　　　　　　103

第三节　人工智能商业模式设计与创新误区　　　105

一、误区一：价值主张伪态　　　　　　　　　105

二、误区二：价值传递盲目　　　　　　　　　107

三、误区三：价值获取虚胖　　　　　　　　　108

他山石···韩国三星在人工智能时代的新业务模式　110

思考讨论···社区团购商业模式　　　　　　110

第七讲　人工智能与精益创业　　　　　　　　　111

中国风···精益求精　　　　　　　　　　　　111

第一节　人工智能技术的高精尖 112

一、高精尖技术和关键核心技术 112

冷知识···李约瑟之问 114

二、科技创新的"四个面向" 114

第二节　人工智能创业的易与快 117

一、人工智能创业的"变易" 117

硬科技···ABCDEF 技术 117

二、人工智能创业的快速 120

软思想···兵贵神速 121

第三节　人工智能精益创业与价值创新 124

一、精益创业 124

二、价值创造与创新 126

热应用···人工智能赋能百行千业 127

他山石···以色列人工智能创业特点 128

思考讨论···跨越数学界与企业界之间的沟壑 129

第四篇　环境模块：拓区域、善治理

第八讲　人工智能与区域创新 133

中国风···包容普惠 133

第一节　人工智能创新创业与知识溢出 134

一、创新创业与知识溢出 134

冷知识···知识过滤 135

二、人工智能创业与区域创新 136

热应用···大学知识溢出为区域创新提供源头

支撑 138

第二节　中国人工智能创业城市　139

　　一、五年五城五色土　139

　　二、下一站坐标　143

第三节　人工智能区域发展新格局　144

　　一、区域创新的协调发展　144

　　软思想···人工智能推动可持续发展　146

　　二、人工智能创新创业的"双循环"新发展格局　147

　　硬科技···数字贸易成为"双循环"加速器　148

　　他山石···印度人工智能发展概览　149

　　思考讨论···人工智能与区域可持续发展　149

第九讲　人工智能与治理创新　150

　　中国风···大国之治　150

第一节　技术治理与制度政策　151

　　一、技术治理与人工智能　151

　　冷知识···技治主义　151

　　硬科技···城市大脑　153

　　二、制度政策与人工智能　153

第二节　中国创新创业政策　157

　　一、中国创新创业政策回顾　157

　　二、2020 年政策文件梳理　159

　　软思想···科学家精神　161

第三节　人工智能创新创业的治理创新　162

　　一、人工智能创新创业的政策探索　162

　　热应用···智能养老　163

　　二、人工智能创新创业的治理探索　165

　　他山石···俄罗斯人工智能产业发展政策　167

　　思考讨论···人工智能与社区治理　167

第五篇　展望模块：育人才

第十讲　人工智能与创新创业教育　　171

中国风···因材施教　　171

第一节　人工智能教育　　172

一、人工智能与教育变革　　172

二、人工智能教育现状　　174

热应用···无障"爱"的智能创业　　176

第二节　人工智能与创新创业的教育融合　　176

一、融合基础　　176

二、融合类型　　179

软思想···从 STEM 到 STEAM 教育　　181

第三节　人工智能创新创业教育展望　　182

一、发展数字经济　　182

冷知识···数字化转型　　183

二、服务智慧社会　　184

三、建设绿色生态　　185

硬科技···人工智能成为节能能手　　186

他山石···瑞士高校的人工智能行动　　187

思考讨论···绿色生产生活方式与人工智能创新创业　　187

参考文献　　189

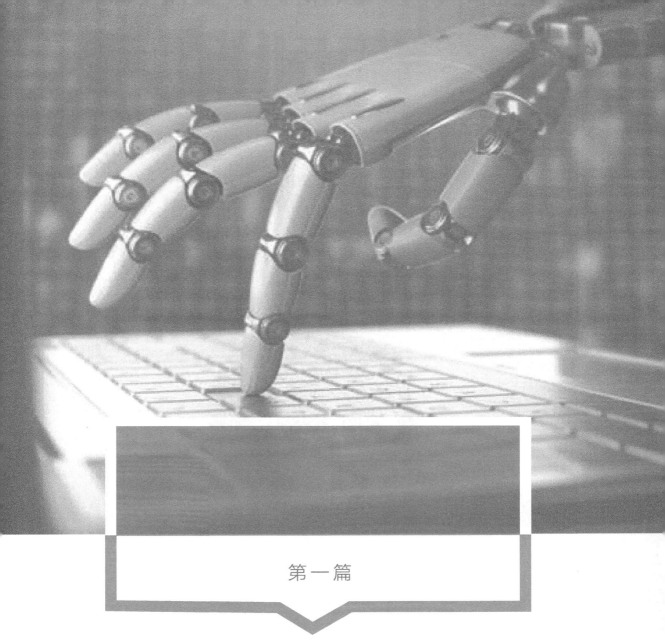

第一篇

基础模块：谋融合

第一讲　导论

■ 本讲概要

▶ 无所不能的人工智能

▶ 无所不包的人文智慧

▶ 无处不在的创新创业

▶ 人工智能的创业框架与创新前沿

第 一 讲

导 论

中国风 · · · 中国的机器人鼻祖

中国古代就有木制的机械人，虽然不是现代意义上的机器人，但是某种程度上也可以视为中国机器人的前辈。特别是魏晋时期以后，各种机械木人层出不穷，看门的、捕鼠的、干农活的、写字的……无奇不有。中国历史学家朱大渭在《中国古代"机械木人"始创年代及其机理考实》一文中说："当时机器人的出现不是偶然的现象，而是整个科技水平提高的结果。"中国科技史专家李约瑟曾提到，中国"在 3 世纪到 13 世纪之间保持着西方所望尘莫及的科学知识水平"，中国的发明与发现"往往远远超过同时代的欧洲，特别在 15 世纪之前更是如此"。

如今，开放的中国正成为人类共同探讨人工智能方向的重要地标。美国科技智库数据创新中心 2019 年发布的报告显示，在数据和商业化应用方面，中国有 32% 的企业应用人工智能，而美国和欧盟分别为 22% 和 18%。人工智能作为一个新兴领域，面临着一系列挑战，还有许多基础性的科技难题没有突破，中国仍然需要提高创新能力。人工智能的深远影响必将体现在经济发展、社会进步和全球治理等方面，中国已把新一代人工智能作为科技跨越式发展、产业优化升级、生产力整体跃升的驱动力量。

人工智能是引领新一轮科技革命和产业变革的重要驱动力，正深刻改变着人们的生产、生活、学习方式，推动人类社会迎来人机协同、跨界融合、共创分享的智能时代。把握全球人工智能发展态势，找准突破口和主攻方向，培养大批具有创新能力和合作精神的人工智能高端人才，是教育的重要使命。特别是在创新创业的新时代背景下，中国高度重视人工智能创新创业的深刻影响，积极推动人工智能和创新创业深度融合，促进人工智能创新创业人才的教育变革和管理转型，充分发挥人工智能优势，不断推动创新创业经济发展，为创新驱动的高质量发展增值赋能。

第一节　人工智能与人文智慧

一、无所不能的人工智能

（一）人工智能的概念内涵

人工智能，英文表述为 artificial intelligence，简称 AI。关于人工智能的定义，目前尚未形成统一标准的表述。有的界定也把人工智能称为机器智能，是指人制造出的机器所展现出的智能。还有的界定将人工智能视为利用计算机模拟人类智能行为的统称，涵盖了训练计算机使其能够完成自主学习、判断、决策等人类行为的范畴。

总体来看，人工智能是研究开发能够模拟、延伸和扩展人类智能的理论、方法、技术及应用系统的一门新的技术科学。人工智能可以促使智能机器：会听，如语音识别和机器翻译等；会看，如图像识别和文字识别等；会说，如语音合成和人机对话等；会思考，如人机对弈和定理证明等；会学习，如机器学习和知识表示等；会行动，如机器人和自动驾驶汽车等。

这么看来，人工智能似乎无所不能。从深度学习到职业取代，再到替代人类的预言，人工智能的角色，从学徒到工人，正在一步步朝向人类主人的角色转变。物理学家史蒂芬·霍金在《十问：霍金沉思录》一书中讨论了科学与社会所面临的重大问题，谈到了正在稳步发展的人工智能，他认为创建人工智能的成功将是人类历史上最重大的事件，当今一个广泛共识是人工智能对社会的影响可能会增加，潜在的好处是巨大的，比如彻底消除疾病和贫困是可能的。同时，他也认为人类无法预测当可能提供的工具放大这种智能时，最终能获得什么，加之人工智能具有巨大潜力，因此亟待研究如何在避免这些潜在陷阱的同时还能获得收益。

（二）人工智能的历史演进

人工智能概念的起源，可以追溯到 20 世纪 50 年代。1956 年美国学者麦卡锡（McCarthy）等人在达特茅斯（Dartmouth）学院召开的会议上，首次提出人工智能这一概念。从早期的计算机科学分支领域，到现在演化成为一门交叉性很强的跨学科领域，人工智能在数十年的发展过程中起起伏伏，在充满未知的道路上不断探索前进。

俗话说"三十年河东，三十年河西"，而人工智能在第一个三十年里就经历了四次高潮和低谷。①高调起步：从 1956 年被第一次提出，人工智能的起步可谓高调，不到十年就相继取得一批亮眼的成果，如机器定理证明和跳棋程序等。②低头反思：初期的突破性进展激发了社会的高期望，但是新兴的人工智能并未胜任当时计算和翻译等领域提出的挑战性任务，甚至还闹出了笑话，在六七十年代走入低谷。③高度应用：20 世纪 70 年代出现的专家系统模拟人类专家的知识和经验解决特定领域的问题，使人工智能从理论研究走向实际应用，专家系统引爆了人工智能在医疗、化学、地质等领域的应用高潮。④低迷徘徊：伴随应用规模的扩大，人工智能在 20 世纪八九十年代又陷入问题暴露阶段，面临拓宽应用领域、用活常识知识、丰富推理手段、放大功能效应等诸多新难题。

在第二个三十年里，人工智能继续搏击前行。走出 20 世纪 80 年代的泥潭，人工智能在 20 世纪 90 年代迎来稳定发展，在网络技术特别是互联网技术加持下，创新研究和应用成果不断涌现，标志性事件就是 1997 年 IBM 深蓝超级计算机战胜国际象棋世界冠军卡斯帕罗夫。到了 21 世纪，机器学习兴起，大数据、大规模并行计算以及增强的学习算法齐头并进，人工智能在新世纪头十年得以飞速发展，不仅能解决狭义问题，而且开始具备更加强大的学习和处理不确定性问题的能力，人工智能科学与应用之间的"技术鸿沟"受到高度关注并不断缩小。

两个三十年之后的 2016 年，人工智能迎来新的爆发式增长高潮。2016 年，AlphaGo 在围棋比赛中打败了韩国世界冠军李世石，这一事件既显示了人工智能的技术成就，又点燃了市场热情。当前，人工智能不仅注重特定任务的狭义问题，更加注重解释性和通用性，瞄准各种认知领域，试图成为能够发挥有效作用的"广义人工智能"；图像分类、语音识别、知识问答、人机对弈、无人驾驶等人工智能技术已经实现了应用突破；人工智能正在从"不知道、不能用、不好用"的技术成为"不能不知道、不该不能用、不会不好用"的生产生活方式。

（三）人工智能的发展动态

人工智能的发展浪潮高峰，离不开算料（数据）、算力和算法的飞跃。例如，移动互联网普及带来的海量大数据，云计算技术应用带来的计算能力飞跃和计算成本持续下降，机器学习算法在互联网领域的应用推广。但是，历史经验表明，人工智能在未来的大规模商业化应用仍将是长期而曲折的过程，距离真正的人类智能还有很大差距。

从科学研究的角度看，人工智能的发展已经取得了不少可喜的成绩，比如大数据驱动学习（如深度学习等）、知识引导推理（如知识图谱生成等）、从经验中学习（如强化学习等）以及自然语言、视觉理解和语音识别等。同时，尚需注意的问题：一是知识引导方法，擅长推导推理，亟待延伸拓展；二是数据驱动模型，擅长预测识别，亟待过程深化；三是策略学习手段，擅长探索未知，亟待超越搜索。为此，需要在人工智能方法和手段方面进行有机协调，比如关注知识指导下的演绎、数据驱动中的归纳、行为强化内的规划等，构建知识、数据和反馈一体化的人工智能理论和模型。

· 硬科技 ·

人工智能的弱、强、超

弱人工智能（weak AI），也被称为限制领域人工智能（narrow AI）或应用型人工智能（applied AI），是指专注于特定领域、只能解决特定问题的人工智能，目前的人工智能算法和应用基本都属于弱人工智能范畴，即使是2016年战胜人类最顶尖围棋选手的AlphaGo，其傲视群雄的能力也仅限于围棋或类似博弈活动的领域。

强人工智能（strong AI），又被称为通用人工智能（general AI）或完全人工智能（complete AI），是指可以胜任人类所有工作的人工智能，但是评价强人工智能的量化标准还不统一，即便是图灵测试，也只是从观察者角度评价计算机行为和人类行为的不可区分性，而计算机到底应具备哪些具体特质或能力才能实现这种不可区分性，还在探索中。

超人工智能（super AI），是指计算机程序超越世界上最聪明的人类进而产生的人工智能系统，比如在科学创造、思想智慧和社交能力等各个方面都超越人类最强大脑的智能，虽然这看上去像科幻电影的场景，而且定义也依旧模糊，但这并未妨碍人类对人工智能的不懈探索。

从应用转化的角度看，人工智能的发展还需要关注以下五个环节：从人工知识表达技术演化为大数据驱动的知识学习；从处理类型单一的数据拓展到跨媒体的认知、学习和推理；从追求"机器智能"提升至实现人机混合的增强智能；从聚焦研究个体智能发展成系统应用互联网络的群体智能；从机器人主体成长为自主无人系统。

在2020年新冠疫情防控期间，人工智能发挥了非常重要的作用。在中国的新冠疫情防控工作中，人工智能技术的作用集中体现在信息搜集、支持复工复产等诸多领域，人工智能算法能大大缩短病毒基因全序列对比的时间，人脸识别等技术能够及时发现疑似病例并开展流行病学调查，大数据可以帮助各级政府和相关部门准确判断各产业、各企业的复工复产情况。特别是在疫情防控最严峻的阶段，以人工智能技术等为支撑的电商活动成为维系经济社会正常运转的重要力量，一些地方的无人车配送真正实现了"无接触，更安全"。可以肯定的是，在加快建立同疫情防控相适应的经济社会运行秩序的进程中，人工智能技术的应用将越来越广泛，并渗透到经济社会的方方面面。

二、无所不包的人文智慧

（一）人工智能的哲学根基

创新的人工智能技术与传统的人文智慧思想紧密相连。人文智慧可以说是无所不包，比如中国的儒释道，这些关乎出世入世的思考，就像冯友兰在《中国哲学简史》一书中所言，虽然不在于增加积极的知识（即实用的信息），但是会让人类心灵达到超乎现世的境界，获得高于道德价值的价值。特别是在中国，哲学在中国文化中占据了重要的地位。人们在哲学里满足了他们对超乎现世的追求，也在哲学里表达和欣赏超道德价值，而按照哲学去生活，也就体验了这些超道德价值。

人工智能硬技术与人文智慧软思想之所以能碰撞出火花，首先源于二者共同的哲学根基。1950 年，阿兰·图灵发表的论文《计算机器与智能》被视为人工智能的先声，其实，这篇发表在英国哲学杂志《心智》上的论文也是哲学史上的经典之作。再看标志人工智能起源的 1956 年达特茅斯会议，虽然参会者没有职业哲学家，但他们却未围于讨论具体问题的解决算法，而是围绕抽象且深刻的大问题——如何跨越机器智能与人类智能之间的鸿沟并最终实现二者交融——找寻最终答案。

后来，美国哲学家约翰·赛尔提出了强人工智能和弱人工智能的分类：强人工智能强调电脑拥有自觉意识、性格、情感、知觉、社交等人类的特征，弱人工智能主张机器只能模拟人类具有思维的行为表现而不是真正懂得思考。他认为二者应当区别开来，并且指出用图灵计算机理论不可能发展出强人工智能。虽然争议依然存在，但是，不可否认的是，这些围绕人工智能与人文智慧关系的哲学讨论还会继续。

· 冷知识 ·

图灵测试

如何测试人工智能是否真正具有人类智能？为解决这个问题，计算机先驱、人工智能之父阿兰·图灵在 1950 年做出了最有影响力和里程碑意义的尝试。他提出了一个简单的测试，来消除人类和机器智能之间的模糊性。

以语言智能为例。图灵测试的大体场景如图 1-1 所示，是指让一个人和对方在不接触的情况下，进行一系列问答，如果相当长时间内，他无法根据这些问题判断对方是人还是机器，那么就可以认为这台机器具有与人相当的智力，即这台机器是能进行思考的。要通过图灵测试，计算机要在不接触的情况下，尽可能把自己伪装成人类，在问答中表现得和人类无法区分。

图 1-1　图灵测试场景

资料来源：https://image.baidu.com.

由于一个人的主观判断不够全面，图灵测试需要多人进行。如果机器能让超过 30% 的人类误认为和自己对话的是人而非计算机，那么这台机器就算通过了测试。但是，图灵测试的 30 分及格线至今也不是能轻松跨越的。著名的苹果助手 Siri，不知你现在需要多长时间就可以判断出它只是一台机器？Siri 现在通过图灵测试了吗？

（二）人工智能与人文社会科学

人文社会科学是研究人的精神、文化、价值和各种社会现象及其发展规律的科学。人文社会科学在发展的过程中，曾与其他学科出现过一些对立，也曾出现过社会科学内部各分支的对立，实证研究、诠释研究和批判研究范式的对立，方法论个体主义和整体主义的对立，定性研究和定量研究的对立，等等。人文社会科学的发展通常有两条进路，一条是钻研基础原则、体现精确精神，另一条则是呈现独特洞见、探查不确定性。随着科学精神的外化，精确性方法被哲学社会科学广泛应用，但这两条进路却始终未能实现融合。

不过，人工智能时代学科融合趋势日益鲜明，自然科学与社会科学相互交叉，催生出一些新兴学科，特别是数字技术与人文学科的有机结合，推动了跨越学科边界、联结理论和应用、突破定性和定量界限的对话。特别是在方法论上，人工智能因能对人文社会科学的结构和功能进行重新注解与转化，可以推动精确性与不确定性的交融，从而引发社会科学方法论的革命。

在这样的背景下，一系列新学科得以产生和发展，计算社会科学是其中的一个代表。计算社会科学作为近十年新兴的交叉学科，是在数据和信息通信技术驱动下，在个体到群体的多个尺度上，借助社会模拟、社会网络分析和社会媒介分析研究社会行为动态性，从整个社会领域和跨学科角度研究人的行为和社会互动。从广义上看，除了将人工智能之中的具体技术方法应用到社会科学的研究，人工智能的外延还可以扩大，不止于计算手段，还应强调机器的自组织性，不仅要用人工智能方法研究社会科学问题，还应重视从社会科学视角研究人工智能给社会带来的巨大冲击和影响。因此，计算社会科学目前也在拓展成为智能社会科学，如智能经济学、智能政治学、智能社会学、智能法学、智能教育学、智能心理学、智能语言学等。

（三）人工智能的认知范式

人工智能的演进与其核心技术算法的演进息息相关，由此形成三大纲领范式——符号主义、联结主义和行为主义，并与哲学层面不同认知观有着独特而内在的联系。

基于经典算法和深度学习的符号主义人工智能，20世纪50年代居于支配地位，是与理性主义相关的传统范式的人工智能，其方法论基础是演绎推理，哲学上直接受逻辑实证主义的认识论影响，将认知过程看成以逻辑为基础的符号推理过程或计算活动。

建立在人工神经网络基础上的深度学习算法及其联结主义人工智能，20世纪80年代开始处于统领地位，与经验主义的认识论相关联，从神经网络及其连接状态来阐释人的认知机理，主张智能是人脑活动的产物，学习就是大脑所做的事情，学习过程就是从不断积累的经验中归纳出一般原则的过程，机器学习就是要模拟并实现大脑的这种学习功能。

当机器学习算法进一步开发了强化学习算法时，行为主义人工智能在20世纪末问世。该范式追求更广义的"像人一样行动"，强调智能源自感知和行动，重视智能系统与环境的交互过程，主张认知主体不是通过符号、表征和逻辑推理等形成智能，而是在对环境的行为响应中通过自适应、自学习和自组织形成智能。

以上基于不同算法的人工智能强调了不同的认知观，决定着设计出何种范式的人工智能，还可以对人们反思和评价既有认识论理论以及认知实践规律提供可验证的根据。总体而言，人工智能的智能认知模拟，与人的认知之间具有同理、同构、同行甚至同情（情感）的关联，二者动态互释，有助于理解人类智能和人工智能之间在认知上的互补和融合。

· 软思想 ·

哲学家的"中文屋"思想实验

"中文屋"思想实验由美国哲学家约翰·赛尔（John Searle）在 20 世纪 80 年代提出。大体场景如图 1-2 所示，是指把一位只会说英语的人关在一个封闭房间，这个人随身带着写有中文翻译程序的书，屋内还有充足的稿纸、铅笔和橱柜。这个人只能靠墙上的小洞传递纸条与外界交流，而外面传进来的纸条全部由中文写成。

图 1-2 "中文屋"思想实验场景

资料来源：https://image.baidu.com.

这个人可以利用中文翻译程序把传进屋内的文字翻译成英文，再利用程序把自己的英文回复翻译成中文传到屋外。收到中文回复的屋外人会认为屋内人完全通晓中文，但事实上这个人只会操作翻译工具，对中文一窍不通。

"中文屋"思想实验向人工智能领域提出的深刻挑战影响至今。比如，实验反驳了图灵测试，认为机器即便通过了图灵测试，其所表现出的智能（如实验中理解中文语意）只是翻译程序带来的假象，真实情况是机器对真正的人类智能（如实验中进行中文交流）一无所知。再如，实验反映出人工智能技术的探索与研究，可能只是在完善屋内那个中英文翻译程序，从来没有甚至永远不能教会机器真的人类智能。

第二节　人工智能与创业行动

一、无处不在的创新创业

（一）创新与技术

根据熊彼特的观点，创新包括采用一种新的产品或一种产品的新特性，采用一种新的生产方式（方法），开辟一个新的市场，获取或控制一种新的供应来源，实现任何一种工业的新组织。创新管理是研究各种创新现象和机制的科学，其核心在于采用科学的方法研究从一种新思想的产生，到研究、开发、试制、生产制造的首次商业化全过程。

从企业管理的角度看，技术创新就是一个从新思想的产生，到研究、发展、试制、生产制造，再到商业化的过程。技术创新成功的标志通常是技术发明的首次商业化，技术创新明确强调满足市场需求，这既是技术创新的出发点，同时又是技术创新的归属。任何类型企业的创新产品最终都必须面向市场，满足用户的需求。发明不一定是技术创新，发明者也不一定是创新者，只有能转化为社会的经济活动，而且能发挥显著经济效益的发明才是技术创新。

技术创新需要把研究与开发（R&D）、生产和营销三方面很好地协调和组织起来，企业必须加强研究与开发部门、生产制造部门和营销部门这三个关键部门的联结和界面管理。随着科学技术不断向综合化方向发展，技术创新所需要的知识和技术种类越来越多，创新的综合性和复杂性日益提高。即便技术力量雄厚的企业也无法从其内部创造出技术创新需要的所有知识，仅仅依赖自身的力量已无法满足技术创新的要求。在开放式创新环境下，企业要成功地实施创新必须密切关注企业外部环境，加强与外部的联系和合作，充分利用和整合外部创新资源。

随着知识创造和扩散的速度加快，数字时代的技术创新日益呈现开放性态势。以前盛行的并使许多企业获得竞争优势的封闭式创新范式已不再适合，企业在研究与开发以及项目控制的过程中，必须同步观察市场与技术的瞬时变化，并迅速做出反应。企业已不再是一个孤立的系统，企业之间的界限正逐渐变得模糊，企业利用和整合外部资源的能力成了企业创造价值的重要来源。开放式创新范式认为企业要提高技术能力，必须同时利用企业内外知识，有效地加以整合，产生的新思想和开发的新产品或新服务可以通过企业内部或外部的渠道进入市场使之商业化，企业内部的创新思想可能在研究或发展的任何阶段通过知识的流动、人员的流动扩散到企业外部。

（二）创业与技术

创业教育之父杰弗里·蒂蒙斯提出创业是创业机会、资源和团队三个重要因素相互匹配与平衡的动态过程。其中，机会是指未被明确的市场需求，是驱动创业过程的核心要素。资源作为创业过程的生产性要素，是创业过程的必要支持，也是机会开发和利用的基础保证。创业者和创业团队作为创业过程的行动主体，在机会与资源之间起到匹配与调节作用。图 1-3 是蒂蒙斯创业三要素模型，由图可见，由于不确定性情境，创业过程受到环境模糊性、外部力量和资本市场的影响，三要素之间的匹配并非自然而然，创业者需要借助商业模式来连接各要素，并在沟通力、领导力和创造力驱动下保持各要素之间的动态平衡。

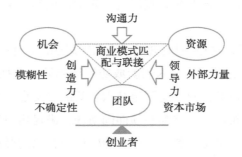

图 1-3　蒂蒙斯创业三要素模型

创业导向起源于战略决策研究理论，是企业进行创业性行动时所反映出来的组织性的过程、方式、风格，涉及新进入的过程、实践及决策活动，一般包括创新性、风险承担性、超前行动、积极竞争和自治性等维度。公司创业突出创业导向的创新，强调战略导向的创新与创业。公司创业把创新与创业纳入公司整体发展战略，从战略的高度重视创新创业，甚至把建设和领导创业型组织作为公司管理的重点，强调为了创造商业和社会价值而创新，绝不是为了创新而创新。

技术创业是创业的特殊形式，是技术开发及商业化的重要方式，通常指利用科学和工程上的突破性提升为顾客开发更好的产品和服务，表现形式包括由独立个人或公司创建的、旨在利用技术发现的新企业或新事业。技术创业以识别和开发具有高商业潜力的高技术性机会为核心，通过领导技能和方式的升级，整合人才和资金资源，制定重要而适时的决策，实现企业的快速增长。从创业要素来看，技术创业不仅包括机敏的创业者或团队发现已经存在的技术机会和推测其未来发展趋势，而且包括通过整合和转移现有资源创造新机会的过程。

新技术发展浪潮和产业转型变革为技术创新者创造了巨大的商业机遇，催生了技术人员的创业热情，推动了技术创业的活动开展，也使技术创业人才的培养日益受到关注。以美国斯坦福大学为例，技术创业计划（technology venture program）是其创业教育的核心组成部分，目标是发展最前沿的技术型公司创业与创新研究，促进有关科研成果的传播和培养未来的创业型教师，为理解新技术商业形成、生存和成长的基础研究和应用研究提供教育服务，研究范围包括技术创新、战略合作与竞争、创业公司国际化、风险融资等。

二、科技革命与创业行动

在人工智能科学家与人文智慧哲学家对话的同时，创业者的声音尤为响亮，可以说，创业者从未缺席过创新技术与经典思想的碰撞，而且他们的角色不是观众，而是无处不在的行动派。

（一）四次科技革命中的创业行动

第一次科技革命的标志产品是蒸汽机，发明人是詹姆斯·瓦特，但是，如果没有创业者马修·博尔顿的支持，这项技术就不会获得资助并得以推向市场。1773 年秋天，遭遇家庭变故和合作工厂破产重创的瓦特走投无路，当他准备背井离乡去俄国打工时，生命中的贵人马修·博尔顿出现了。博尔顿当时是颇为成功的企业家，主动写信极力挽留住了瓦特。他在信中写道："我将为发动机的竣工创造一切必要的条件，我们将向全世界提供各种规格的发动机。您需要一位'助产士'来减轻负担，并且把您的产儿介绍给全世界。"就这样，瓦特和博尔顿成为蒸汽机的"创业团队"。

第二次科技革命的标志产品是电灯，托马斯·爱迪生对电力的广泛应用功不可没，原因不仅在于他是发明家，还在于当时创建了现在非常著名的通用电气公司。爱迪生于 1878 年创立了爱迪生电灯公司，在当时美国金融界大佬摩根家族的支持下，爱迪生的商业版图迅速扩张，并在 1889 年合并各项业务后更名为爱迪生通用电气公司。通用电气公司后来成为世界上最大的提供技术和服务业务的跨国公司，涵盖家电、航空、电子产品、能源、医疗、金融、照明、媒体、轨道交通和安防等多项业务，并在各行业中处于世界领先水平。

第三次科技革命的标志产品是计算机，发明人冯·诺依曼是数学天才，还是 IBM 公司决定通过开发商用电脑实现公司转型时聘请的顾问，时任董事长小沃森在诺依曼的参谋下确立了计算机方向，在诺依曼原型机基础上研发拓展，在助推计算机行业发展的同时也使自己迅速成为行业霸主。尽管打卡机业务当时还是 IBM 的现金流来源，但小沃森认为计算机是未来发展方向，勇敢地宣布要进行自我颠覆，并投入高额的研发资金。转型不仅让公司实现质的飞跃，还开创了计算科学这门代表人类发展最新阶段的学科。

第四次科技革命的标志产品是人工智能，无处不在的创业者行动更是从个体转向组织，影响力更加重大。人们虽不能完全描述人工智能能在多大程度上渗透到人类生活之中，但可以确定的是，围绕这项新技术正在创造一个巨大的市场，企业家、开创者和新进者争相入局，抢夺市场先机，初创企业、数字平台、软件供应商和硬件制造商都在努力提供产品、解决方案和商业模式，以满足终端用户日益增长的需求。中国人工智能正在赋能各行各业，在创业企业推动下，城市管理、经济发展和人民生活都在不断享受人工智能赋能的力量，人工智能驱动的中国产业互联网如今像消费互联网一样走在世界创新前沿，让中国不只是数据大国，更能成为智能强国。

（二）创业者的技术创新与思想智慧

值得注意的是，创业者对技术的敏锐洞察力，与其思想的穿透力密不可分。瓦特形容博尔顿"对事业无比的关心和费心的经营并拥有高明的远见"，提到参加"圆月学社"极大地活跃了自己的科学思想。这个学社由科学家和文学家组成，在每月满月时集会一次，围绕文学、艺术、科学等问题互相交换意见或进行专题演讲，而介绍瓦特加入的正是时任学社主要成员的博尔顿。同样，还有坚信天道酬勤的爱迪生、秉持变革之道的小沃森等，这些创业者都在通过行动消弭创新技术与经典思想之间的边界。

人工智能时代的创业者概莫能外。以"熵"为例，这原本是物理学中的概念，指一个系统混乱的程度，系统越无序，熵值就越大，系统越有序，熵值就越小。后来，"熵"被赋予哲学蕴意，用来指导人们看待世界的思想和行为，还被彼得·德鲁克第一次引入管理领域，对抗熵增成为管理的重点工作之一。亚马逊创始人杰夫·贝佐斯运用反熵思想带领公司"流动"而不是"混乱"起来，伴随跌宕起伏的人工智能技术潮流始终保持创新性，增强生命力。与其不谋而合，华为公司任正非也将熵思想融入管理之道，用来激发企业在技术创新时代的生命力和创造力。

创业"钢铁侠"的脑机接口

2017 年，创业"钢铁侠"埃隆·马斯克成立脑机接口公司 Neuralink。两年后，马斯克和他的 Neuralink 团队公布了第一代脑机接口，也可以简单描述为一个"脑后插管"技术，通过一台神经手术机器人，安全无痛地在脑袋上穿孔，向大脑内快速植入芯片，然后通过 USB-C 接口直接读取大脑信号，并可以用 iPhone 控制。2020 年 8 月，马斯克发布关于脑机接口最新成果，其中包括简化后硬币大小的 Neuralink 植入物和进行设备植入的手术机器人。他表示，未来人人都可以在脑部植入一个芯片，解决从记忆力减退到听力丧失、失明、抑郁、失眠、极度疼痛、焦虑、成瘾、中风、瘫痪、脑部损害等一系列问题。

脑机接口作为一项新兴技术，已经站在了创业的风口，同时也迎来了巨大的争议和质疑。除了技术创新的壁垒外，更有伦理道德的拷问。创业者如何平衡一项新技术的商业应用与伦理责任，将成为很长时间内科学发展中的一道难题。人工智能创业者在将脑机接口等颠覆性创新技术构想变为现实时，不能将科技伦理视为外部压力，而应嵌入创业当中，只有具有人文智慧柔度、人文关怀温度的科技创业，才能实现有高度的发展，创造有广度的价值。

三、人工智能的创业框架与创新前沿

在人工智能硬技术和人文智慧软思想之间实现动态平衡的引领者非创业者莫属，创业者让人工智能硬技术与人文智慧软思想成功牵手，正如创业教育之父杰弗里·蒂蒙斯的评价：创业者具有高度平衡的领导艺术。

（一）人工智能的创业框架

无所不能的人工智能、无所不包的人文智慧和无处不在的创业者行动之间具有的内在联系，可以从三个领域的内部构成及其呼应性入手进行分析：创业管理领域三个要素——创业者（团队）、创业机会、创业资源，人工智能领域三个基本支柱——算法、算力、算料，人文智慧领域三个哲学问题——本体论、认识论、价值论。

算法是基础。人工智能算法的标志是深度学习，与人工神经网络密不可分，是人工智能焕发生命力量的来源。创业者和团队作为创业过程的起点，发挥着主观能动的作用，推动创业活动不断创新和迭代。而本体论正是回答一切存在的本源问题，这么来看，创业者和团队就是创业过程的本源，就像算法在人工智能中的种子地位。如同创业领域效果逻辑研究所主张的，"我是谁"是创业行动的第一步，因此，创业者是人工智能新事业启动并不断重塑的本体。

算力是载体。人工智能的算力以芯片为标志，具有专用架构，应用在云端和终端不同场景，是实现算法的载体。机会是创业过程中"目的－手段"关系的组合，承接着创业者认知与情境特征，表现为一种未被明确的市场需求。而认识论所揭示的正是个体对知识获取所持有的信念以及这些信念对人们改造世界的影响，这也反映了机会作为创业者的认识，发挥着如同"芯片"的承载作用，一方面驱动创业者通过满足市场需求来减少情境中的知识"能耗"，另一方面启发创业者通过创造市场需求来提高情境中的知识"性能"。

算料是资源。人工智能的算料就是海量数据，没有数据就没有人工智能发展的土壤，引爆这次人工智能热潮的关键因素之一是大数据应用发展最后一千米的打通，但是，数据再多，如果没有挖掘数据的能力，那么也就难以发挥数据的价值。对于创业而言，没有资源是万万不能的，但资源又不是万能的，这与数据和人工智能的关系非常相像。而价值论的核心问题就是考察和评价各种事物的效用，那么，数据和资源能否以及如何在人工智能创业中发挥作用，也契合价值论的思考，特别是当下关于人工智能伦理的探讨，本质上也是关于价值评判的哲学问题。

根据上述分析，可以提炼出如图 1-4 所示的一体两翼的人工智能创业框架。从图中可以看出，创业者行动为引领主体，人工智能和人文智慧作为两个支撑体系。关于创业者的引领地位，可以用维特根斯坦等哲学家的观点作为注脚：知识的意会成分涉及人类生存的久远历史和广泛领域，无法被完全形式化为可计算编码的数据，只有人，才是行动的主体，人的自主性和意向性源于进化过程中与环境互动的结果，难以被技术取代。借鉴社会技术系统理论的思路进一步总结，人工智能创业不是源于人工智能技术系统内部，而是源于技术系统与社会系统之间的协同联动，在此过程中创业是中坚力量。

图 1-4　人工智能创业框架

虽然图1-4勾勒了创业者在人工智能创业道路上的冲锋队形象，但是，在"三百六十行，行行出人工智能"的今天，我们不禁要问：人工智能能取代创业者吗？张维迎教授曾提到，"即使把阿里巴巴的整个发展历程记下来，让另一家企业跟着阿里巴巴的思路再走一遍，也不可能再复制出一个阿里巴巴"。在他看来，每个人的大脑不同，实际情况也不同，数据只能分析过去的情况，不能预判未来，因为市场是不确定的。当然，也有一些人工智能专家，诸如微软小冰的设计者宣称其人工智能产品能成为创造的主体，他们遵循的思路与图灵曾经的意见一致：人类的原创性通常也是建立在以往教育或一般规则的基础之上。

（二）人工智能创新创业是无尽的前沿

伴随人工智能与人类智能的高下争论，有必要进一步探查人工智能创业的深层次问题，借用被誉为"信息时代教父"范内瓦·布什（Vannevar Bush）的一篇报告的题目，人工智能创新创业也是"无尽的前沿"（endless frontier）。布什作为美国"曼哈顿计划"、国家科学基金会、硅谷和128号公路诞生的助推手，曾用"无尽的前沿"作为报告题目向罗斯福总统解析科学与社会之间方方面面的联系，自己也用集科学家、教育家、政府顾问和企业董事等身份于一身的传奇经历，诠释着科学技术与思想智慧碰撞所产生的神奇效应。2020年5月，美国两党两院四位议员联合提交《无尽前沿法案》（Endless Frontier Act），提出采取新的措施使美国到21世纪中叶仍然保持世界头号科学技术强国的位置，这从侧面反映出布什的"无尽的前沿"战略设计对发展科学技术的重大意义。

人工智能技术的未来发展需要与创新创业紧密联动。有学者认为，许多具有潜在性的创新，由于在基础科学研究、教育和培训、技术转让以及创业等方面没有大幅增加投资，没有形成完备且广泛的创新创业生态系统，使新技术实力和能力难以发挥出来。特别是在人工智能、量子计算、先进通信和先进制造业领域，需要通过对新技术的发现、创造和商业化的创业型投资，来推动经济增长和创新发展。

人工智能领域的创新创业日益活跃。2019年3月公布的2018年度计算机界最高荣誉"图灵奖"的三位获奖者，是深度学习领域三巨头，他们的贡献在于让深度神经网络成为计算关键部件。可是，这三位为人工智能奠定基础的获奖者，曾经共同被主流否定和唱衰，还好，他们认为自己所具有的"有时可以穿过黑暗看清事物"的能力，让他们穿过黑暗岁月，坚持到了春天。不容忽视的是，他们还分别有着创业者的身份：谷歌副总裁、Facebook首席科学家以及一家技术解决方案公司曾经的联合创始人。

中国人工智能创新创业已在各个领域创造出日益丰富的新产品、新技术、新业态。

中国与世界各国一样，将人工智能作为工业和经济发展转型的主要驱动力，积极拥抱人工智能革命为经济社会发展带来的强大动能。为了充分发挥人工智能领军企业和研究机构的引领示范作用，中国持续输出人工智能核心研发能力和服务能力，以应用驱动、市场引领和企业为主为原则，已经启动建设了 15 个国家新一代人工智能开放创新平台，分别是自动驾驶（百度）、城市大脑（阿里云）、医疗影像（腾讯）、智能语音（科大讯飞公司）、智能视觉（商汤集团）、视觉计算（上海依图）、营销智能（明略科技）、基础软硬件（华为）、普惠金融（中国平安）、视频感知（海康威视）、智能供应链（京东）、图像感知（旷视）、安全大脑（360）、智慧教育（好未来）、智能家居（小米）。

中国人工智能创新创业积极创造社会价值。中国政府重视人工智能与保障和改善民生的结合，从保障和改善民生、为人民创造美好生活的需要出发，推动人工智能在人们日常工作、学习、生活中的深度运用，创造更加智能的工作方式和生活方式。从 5G、大数据到智慧交通、智慧城市，各种智能科技应用正在以前所未有的速度和广度"飞入寻常百姓家"，让人民共享智慧生活。有理由相信，人工智能、人文智慧与创业者行动的融合乃至共进，还将继续深入，让硬技术与软思想成功牵手的创业者不会停止脚步。

| 他山石 |

日本的第五代计算机

日本的人工智能研究是从大学校园里开始的。20 世纪 70 年代，被称为"日本机器人之父"的早稻田大学教授加藤一郎开始研发人工肌肉驱动下的下肢机器人。20 世纪 90 年代，东京大学和早稻田大学等 20 多所日本大学开始设立人工智能专业。日本政府将人工智能人才视为保持人工智能竞争力的关键，同时协调推进人工智能产业的发展。

日本在 20 世纪 80 年代初曾启动了"第五代计算机"项目，被当时美国媒体称为"科技界的珍珠港事件"。当时的大型计算机面临很多问题，比如难以模拟复杂的运算环境、不能推动计算机与人类交互等，而当时知识信息处理系统普遍被认为是实现人工智能的最好形式，于是这个项目计划将二者结合，希望研制"能听会说、能识字、会思考"的第五代超级计算机，期待它能胜任大型工程支援、核反应堆模拟、天气预报与地质灾害模拟等工作。不过，随着 PC 时代到来，大型计算机开始快速失去商业价值和应用场景，这个为期十余年、总投资数百亿日元的大项目，核心能力达不到标准，且与主流需求背道而驰。

面对"奇点"时刻的乐与悲

在人工智能领域,"奇点"(singularity)通常是指机器智能超过人类智能即"机智过人"的那一刻,或者智能爆炸、人工智能超越初始制造它的主人的智能的那一刻。人类智能从农业文明到工业文明以及从工业技术到高科技技术的发展速度,是一种不断提速的加速度,但还不是一种指数的速度。但是,当前人工智能却可能以一种不断相乘的指数的加速度发展,有人甚至预言"奇点"时刻将在 2045 年到来。

在一次通用人工智能大会上,有人曾对参会的大约 200 名计算机科学家做过一项非正式调查:提出问题"你认为什么时候能够实现通用人工智能",并给出四个选项:2030 年、2050 年、2100 年、永远无法实现。最后的调查结果是:42% 的受调查者选择 2030 年,25% 选择 2050 年,20% 选择 2100 年,2% 选择永远无法实现。

你会在上述选项中做出何种选择?又怎么看待这项调查的结果?面对"奇点"时刻,你对人工智能的发展持乐观还是悲观态度?

第二篇

主体模块：强领导、守伦理

第二讲　人工智能与创业型领导

第三讲　人工智能技术创新与创业伦理

■ 本讲概要
▶ 人工智能与人类劳动
▶ 人工智能与经济增长
▶ 科学管理与领导转型
▶ 人工智能创业的领导之道
▶ 创业者领导人工智能的三步创新

第 二 讲

人工智能与创业型领导

中国风··· 物物而不物于物

　　人类和人工智能谁说了算？庄子的思想提供了解答思路。《庄子·山木》中有一句话："一上一下，以和为量，浮游乎万物之祖，物物而不物于物，则胡可得而累邪！"大意是说，时而进取、时而退让，一切以顺和作为度量，悠然自得地生活在自然万物当中，役使外物却不被外物所役使，那么，怎会受到外物的拘束和劳累呢？其中的"物物而不物于物"，对人类认识自身与人工智能的关系格外具有启发。

　　创业者是一群"物物而不物于物"的活跃分子，面对人工智能也不例外。英国的著名杂志《经济学人》曾在 2017 年刊发长文称中国创业者太强大，认为中国新一代创业者正在以"中国速度"快速崛起，全球各个行业和用户将很快感受到他们带来的影响。文中提到，许多新兴创业公司的光芒甚至压过了中国互联网传统巨头，中国创新的动力不再是复制或跟随，而是大胆、才华横溢、有着全球性理想的创业者。虽然具有突破性的创新也可能导致企业的起落，但中国的新一代人工智能领域的创业者已经起飞。

第一节　人工智能加速经济增长

一、人工智能与人类劳动

（一）人工智能替代人类劳动

在人类的产生和进化中，劳动是原动力，劳动创造了人本身。劳动之于人类具有多重的意义，人的自我实现是一个通过劳动而自我诞生、自我创造和自我发展的历史过程。所以，劳动成就人的生命本质，没有劳动就没有人本身。

人工智能背景下的人类劳动式微了吗？越来越多无人车、无人工厂、无人超市、无人银行等频频亮相，似乎都在发出警告：人工智能时代不少人类劳动正在或即将被人工智能替代。BBC 根据剑桥大学学者的数据体系分析了 300 多个职业在未来的"被淘汰概率"，发现电话推销员、打字员、会计、保险业务员、银行职员、接线员、前台、客服等工作被淘汰的概率均在 90% 以上，而第一产业和第二产业中的很多工种，如工人、园丁、清洁工、司机、木匠、水管工等，被淘汰的概率也在 60% ~ 80% 高水位上。面对人工智能这位劳动小能手，越来越多的人类劳动好像将变得一文不值。

人工智能对人类劳动的影响，究其根源在于它正在从劳动工具转变为劳动者主体，使劳动主体和劳动工具边界更加模糊。从劳动者与劳动工具的相互关联角度来看，一般认为人类作为劳动者是劳动主体，占有和掌握劳动工具，而劳动工具归属和依附于特定劳动主体。但是，随着劳动工具日益机器化、自动化与智能化，人工智能得到广泛应用并成为普遍的生产媒介，不再只是劳动过程的附属和辅助载体，而是发展成为劳动的实体与主体。人工智能在将劳动者从单调繁重的体力劳动中解放出来之时，也在不断地对劳动者的主体地位进行"降维打击"。

（二）人工智能升级人类劳动

人工智能使人类劳动更具自由。劳动是人的本质力量的展现。劳动本身就是人的本质需要，是人生存的目的，是人的自我实现、自我创造、自我升华。真正的人类劳动应该是体现人类快乐和享受、实现人的价值、展示人的本质属性的过程。人工智能的广泛应用，使劳动生产率得到前所未有的提高，一个智能机器人可以养活许多人。在这种情况下，社会必须大力完善社会福利和保障体系，个体生存被完全社会化，通过社会福利和保障体系来保证每个人能够解决生存问题。当生存问题解决后，人类就不必再为使自身保持生命体形式的存在而烦恼，不必被迫去劳动。当劳动的被迫性降低到最低限度，劳动的合意性也就最大，劳动就会真正成为"自由的生命表现"。

人工智能使人类劳动更具价值。具体劳动生产使用价值，抽象劳动生产价值，二者是同一劳动过程的两种不同属性。劳动作为"自由的生命表现"，本质上应凝结劳动者的专业性、创造性、忠诚性与责任感等技艺能力和道德品质。劳动者的这些能力与品质应当在劳动中发挥主导性作用。人工智能使人类不仅摆脱繁重的体力型劳动和危险型劳动，还能摆脱简单的单调型劳动和低水平重复性劳动带来的枯燥乏味。

人工智能使人类劳动更加解放。人工智能不仅可以使人类从大部分体力劳动中解放出来，还可以使人类从繁重的脑力劳动中解放出来。人类当前仍然要花费大量的时间和精力在脑力劳动中，而脑力劳动看似比体力劳动轻松，但实则不然。人工智能技术让人类的智力活动逐渐实现机器化和自动化，大量的记忆、计算、推理等智力工作都可以由智能机器去完成，人类劳动也由此可以得到更加彻底的解放。

具有强大思维能力的人工智能获得了与人类同样的劳动能力后，成为人类之外的新型劳动者，对人类体力劳动和智力劳动的全面取代反过来会让人类从繁重的体力劳动和脑力劳动中彻底解放出来，从而获得真正的自由，并有条件享受生活、全面发展。当然这是一种极端，至少从目前来看，它还是一种理想化的状态。

二、人工智能与经济增长

（一）人工智能与经济增长模型

目前来看，劳动力要素在各种经济增长模型中依然占据稳固地位，这也许可以让人类对自己未来的劳动放宽心。传统的哈罗德–多马模型高度肯定人口和劳动的重要贡献。新古典经济学的索罗模型虽然采用了资本和劳动可替代的生产函数，但也保留了人口和劳动的一席之地。后来，保罗·罗默（Paul Romer）在其内生经济增长模型中，把知识纳入经济技术体系之内作为经济增长的内生变量，但也依然将非技术劳动视为增长四要素之一，而其他要素如人力资本和创新思想领域同样可以看到人类的身影。

不过，值得注意的是，模型中看似稳定的劳动力要素身旁的技术要素日益强大，尤其是极具爆发力的人工智能技术不容小觑。历史上的重大技术进步都伴随着生产率的大幅度提高，随着人工智能的发展，有关人工智能对经济增长的影响引发新的关注。在各类理论模型的发展以及数据可得性的基础上，检验人工智能或自动化对生产率影响的实证研究逐渐增多。当前的研究成果大多集中于人工智能的某一领域，比如计算机资本或工业机器人对生产率的影响，并将多要素生产率（MTP）、全要素生产率（TFP）或劳动生产率等作为生产率的衡量指标，这些研究大多佐证了人工智能对生产率的促进作用。

埃森哲的一项研究提出，人工智能技术所发挥的不再是劳动和资本之外全要素生产率的增强剂作用，而是一种全新的生产要素，应该作为经济增长模型中独立且核心的要素。人工智能至少能在三个重要领域推动经济增长：第一，创造一种新的虚拟劳动力，带来"智能自动化"效应；第二，补充和提高现有劳动力和实物资本的技术与能力；第三，像以往的其他技术一样，人工智能还能推动创新。未来的各经济体不再只是利用人工智能改变生产方式，而是借助人工智能积极开辟新的发展空间。人工智能必将广泛、深刻地推进经济结构转型和增长。

（二）人工智能与经济增长质量

人工智能在技术与经济的联动方面具有渗透性、替代性、协同性和创造性特征，因此能推动国民经济各领域、各部门高质量增长，而其自身规模的壮大也有助于增长质量的提升。渗透性特征决定了人工智能对经济增长影响的广泛性和全局性，即便人工智能当下所产生的影响还仅仅是局部性的，但渗透性特征也意味着人工智能具备全局性影响的潜力。替代性特征意味着人工智能资本作为一种独立要素不断积累并对其他资本要素、劳动要素进行替代的过程，伴随人工智能资本的积累，其对经济增长的支撑作用也将不断提升。协同性特征带来的投入产出效率或全要素生产率的提升，在微观层面将体现为企业利润盈余的增加，并最终转化为 GDP 的增长。创造性特征意味着人工智能是通过知识生产促进的技术进步，最终也将体现为全要素生产率的增长。

虽然学者普遍认为人工智能可以促进生产率提升、拉动经济增长，但也有学者担心人工智能可能会带来经济社会发展的质量问题，比如中低技术工人失业、收入不均衡等负面影响增加，因此，有必要从创造共同繁荣的方向入手来提升人工智能的作用质量，保证总体社会福利不受损失而是整体升级。人工智能的发展为优化资本结构从而实现扩大居民消费和促进经济增长的双重目标提供了新思路，因为人工智能的发展在促进技术进步和提升生产智能化水平的同时，会受创新创业的影响而催生出新经济和新产业。这不仅有助于提高实体经济对经济增长的拉动能力，从而达到促进经济增长的目的，而且有助于降低经济增长对基本建设投资和住房投资的依赖，从而减轻二者对消费的挤出效应。

随着人工智能发展的步伐加快，为了让人们能够更好地面对人工智能这一重大技术变革可能带来的就业总量和结构变化、收入分配不合理加剧等问题，政府制定合理优化的公共政策尤其关键。尽管市场缺陷可能导致转型期福利恶化，但是如果有合理的政策工具（如税收和转移支付等），科学技术的创新将对于人们获得更合理的收入和资源分配具有促进作用，从而带来帕累托改进。

· 冷知识 ·

"全民基本收入"社会实验

社会科学研究也能进行实验，2019 年诺贝尔经济学奖获得者在如何减少贫困方面的贡献，就来自社会科学实验的一系列研究成果。关于人工智能带来的失业率问题如何解决，一些国家正在围绕"基本收入"议题开展社会实验。

基本收入的经典定义是：定期无条件向所有居民发放现金，不需要验证收入来源，无就业要求。随着人工智能、机器人等科技手段的发展和广泛应用，或许有一天人类可以进入各取所需、各有保障的"乌托邦社会"。那么，"全民基本收入"能否成为应对人工智能时代就业状况的主要策略呢？人工智能时代社会财富积累的增加，是不是也可以为实行"全民基本收入"提供雄厚的财政基础呢？

2017 年 1 月，北欧国家芬兰开始了这项听起来很有吸引力的"全民基本收入"社会实验。实验随机选取 2 000 名年龄在 25～58 岁的失业公民，每月向他们发放 560 欧元的保障性收入，并且不要求他们找工作，他们用这笔钱做什么都可以——不限于创业、找工作或参加培训、学习。即使这些人找到工作，每月依然会收到这笔钱。该实验耗资超过 2 000 万欧元，计划持续两年，于 2019 年 1 月结束。但才过了一年多，芬兰政府就打算结束这个实验，已拒绝增加实验项目资金，将着手探索其他社会福利实验。

这项实验被暂停的原因很复杂，但"全民基本收入"政策思路所包含的高远、普惠的社会理想显而易见，彰显对"已经发生的未来"的前瞻意识，目前全球各国还继续在这一领域不断探索和积累。

第二节 人工智能亟待领导转型

伴随劳动力与技术要素相纠缠的是现实的严峻挑战。当劳动小能手人工智能加入劳动大军，管理者该如何面对这群让人又爱又怕的新生力量？特别是那些紧跟甚至引领技术创新潮流的创业者，在自己不舍昼夜的同时，又该怎样领导不知疲倦的人工智能呢？技术创新问题的答案，经常藏在人文智慧中，组织管理和领导领域对此也有响应。

一、科学管理思想

（一）科学管理与管理学

管理，通常被简单地理解为"管人理事"。管理是人类社会生产活动中普遍存在的社会现象，有人群的地方就有管理问题，就会产生管理实践。管理实践来自集体活动，来自人类为生存和发展而进行的探索与努力。人类一方面发明和改进工具，从使用火种到古代的四大发明，再到工业革命和现代的人工智能，人类一直利用自己发明的工具改善着生存环境，拓展生存空间；另一方面则积极谋求集体活动方式，以便完成个人无法实现的目标。比较而言，集体活动方式更为重要，能够发明出更先进的工具，能够创造出更高的生产力，能够更有效地促进人类的进步与发展。

在管理学界，人们普遍把美国工程师弗雷德里克·泰勒在1911年出版的《科学管理原理》作为管理学产生的标志。1911年，人类正从历史上漫长的工匠控制的作坊式生产，大踏步地迈向现代工业体系，其中，除石油和煤炭等能源与技术革命的因素之外，关键还在于生产组织和生产方式的变革。科学管理正是推动这个革命性发展的一股重要力量。20世纪是人类以科学精神指导人类行为、追求完美管理效率的时代，由此开启了通往现代大工业体系和大型企业组织的大门，这从某种程度上就是以《科学管理原理》为起始点。

科学管理作为一套思想体系或产业哲学，是对提升效率、减少资源浪费的管理实践的科学归纳和总结，宣告人类组织管理行为告别了传统的经验主义，打破了个人权威控制的低效率与内在固有冲突的不和谐局面，倡导用科学精神统领工业时代的生产和劳动关系。在社会学家强调泰勒主义深化劳动分工和行为控制等特征的视角下，科学管理的实质不仅在于分工效率，更重要的是，科学精神和理性的力量开始统领组织管理行为，科学管理为企业开启了规模、效率、创新与和谐发展为主旨的现代新征程。

（二）中国管理学科发展

中国管理学思想启蒙较早，先秦诸子百家的学说着眼于解决如何治国平天下的问题，呈现了"国家管理学"百家争鸣的局面。《孙子兵法》因探索战争的一般规律被认为是最早的战略管理学著作。在长期的农业社会中，商业被列为各行之后，并未得到很好的发展。20世纪初，随着现代大学的兴起，我国开始向西方学习管理学，泰勒等西方管理学家的经典理论陆续被引入中国。新中国成立后，我国企业也探索出许多有中国特色的企业管理经验和模式，管理学科呈现出计划经济条件下生产导向型管理的基本特征。

改革开放四十多年来，中国企业管理模式开始从计划经济下的生产型转向市场经济下的生产经营型。1993 年党的十四届三中全会以后，中国开始建立和完善社会主义市场经济体制，这也开启了中国管理学"完善提高"发展的阶段。党的十八大以来，中国管理学进入"全面创新"阶段。如今，世界迎来百年未有之大变局，源于工业时代的管理理论与信息数字经济时代的管理实践不相匹配，学术界对信息数字经济时代的管理模式研究还处于重塑阶段，尽管强调管理实践性的呼声高，但也不能淡化管理的科学性。管理学科建设包括人才培养和社会服务，两者都需要科学研究支撑，需要从管理实践的艺术性中挖掘科学性，而且，在影响和决定管理实践绩效差异的因素越来越多、越来越复杂的情况下，更需要科学性。

二、人工智能时代的领导转型

（一）领导与管理

领导是有效管理的一个重要方面，是一项重要的管理职能，并直接影响到其他管理职能发挥作用。如何有效地进行领导是现代管理者必须掌握的一种基本技能。关于领导的概念，有不同的解释。从字面上看，"领导"有两种词性的含义：一是名词属性的"领导"，即"领导者"的简称；二是动词属性的"领导"，即"领导者"所从事的活动。从领导的实质内容上看，传统管理理论认为领导是组织赋予一个人的职位和权力，以率领其部下实现组织的目标。但更多的管理学者认为领导是一种行为和影响力，这种行为和影响力可以引导和激励人们去实现组织目标。因此，领导是在一定条件下实现组织目标的行为过程。

领导行为和影响力包含行使组织所赋予的权力、实行监督和控制，但更主要的是通过领导者个人依据组织环境，运用领导技能，采取正确的领导方式和领导行为，团结和带领员工高效率地实现组织目标的过程。因此，领导是领导者为实现组织的目标而运用权力向其下属施加影响力的一种行为或行为过程。有效的领导往往表现为对下属较强的影响力，或者表现为下属对领导者强烈的追随和服从倾向。

领导是一种普遍的管理行为。对于领导和管理、领导者与管理者的关系，目前有多种不同的观点。有学者认为管理就是领导，也有学者坚持领导和管理是两个不同的概念，实践中的管理者与领导者的确存在诸多区别。例如，有人认为二者对混乱和秩序的看法截然不同，领导者能够容忍混乱、缺少秩序，并能够将问题搁置以避免对重要问题过早下结论；管理者则追求秩序和控制，他们甚至会对他们本身也尚未完全理解的问题想方设法尽快处理掉。再如，有人提出管理是应对 20 世纪出现的大型的、复杂的组织问题，有序的管理将赋予组织许多方面诸如产品质量、收益等相应的秩序和连续性；而领导则是相对于变革而言的，因为当今的经济更加富于竞争性，更加趋于变化不定，因此单纯地重复昨日所做之事或比昨天没有明显改善已经难以确保成功。在这种条件下，更需要强有力的领导。

总体上，从工作的主体来看，领导者是管理者的一部分，是担负领导职务并拥有决策指挥权的那一部分管理人员；从工作的客体来看，管理的对象通常包括人、财、物等多种生产要素，而领导工作的对象往往只能是人；从工作的手段和方法来看，管理包括计划、决策、组织、协调和控制等，而领导工作则主要是重大决策的制定、人事安排和对于各种活动的协调等。

（二）人工智能带来的领导挑战

人工智能的技术创新加剧组织变革，从而使组织管理中的领导者面临转型挑战。组织变革主要是采用新技术、改变策略、流程再造、并购、重整、文化塑造等方式，提升组织的创新能力，从而提高组织效能的过程。人工智能时代组织能否变革成功，决定着组织能否提高竞争优势和实现持续成长。然而，大量证据表明组织变革达到预期的效果并非易事，甚至有研究显示组织变革成功率仅有三分之一，而这种结果通常都归因于缺乏有效的领导行为。因此，人工智能带来的组织变革亟待领导者转型，通过自身的领导创新为组织开拓新的事业，发挥组织变革的创业推动力。

由于人工智能技术仍在创新探索中、尚未成熟稳定，因此组织变革往往面临高度不确定性和诸多管理悖论，使组织变革和领导过程呈现双元特征。这就意味着领导者在学习、变革和创新的过程中存在着探索与应用的选择差异，比如双元创新（激进式创新和渐进式创新）、双元战略管理（能力延伸和能力建构）、双元目标导向（效率和柔性）、双元组织变革模式（激进式变革和渐进式变革）等。

领导的追随者也因人工智能的应用和影响产生诸多变化，人工智能在领导过程中并不只是作为技术来改善招聘流程和工作方式，而是从一种职能工具衍生成一种数字化的意识、习惯和文化，不仅为员工所用，更会入脑入心。面对人工智能时代的组织变革和数字化员工，领导者可以从以下三个领导理论入手，审视领导工作的创新方向。

（1）交易型领导。交易型领导是指在特定情境之下的领导者和被领导者之间是相互满足的交易过程，即领导者与部下之间存在着一种契约式的交换，领导者通过明确任务和角色需求来引导与激励追随者完成组织目标。在激进式变革环境下，交易型领导可以设立创新性的变革任务目标，通过例行化的目标管理和绩效考核，以及"契约式"的交易过程，监督员工完成创新任务和变革目标，从而充分发挥交易型领导在激进式变革环境中的作用，推动激进式变革"快而不乱"地向前发展，对于激励员工创新也能起到一定的辅助作用。

（2）变革型领导。变革型领导通过魅力模范、智力激发、动机鼓舞与亲和感召来激发下属的高层次需求，使下属最大限度地发挥自己的潜力，并达到超过原来期望的结果。变革型领导者通过创造性激发，鼓励员工为组织发展提供更多的想法，不仅自己提出创新性的期望，还为员工树立创新的榜样。变革型领导者自身的人格魅力会增强员工对领导的认同，员工更愿意向这样的领导者模仿学习。通过行为榜样的影响，变革型领导者会提升下属产生新想法和新问题的能力。变革型领导者为下属创造学习和发展的机会，理解、欣赏并支持下属的创新想法，这些都会帮助下属克服对挑战现状的恐惧感，从而产生更多的创新行为。

（3）创业型领导。创业型领导是通过创造一个组织愿景来动员、号召忠于此愿景的追随者共同探索和开发战略价值的领导方式。从特质视角看，创业型领导主要包含愿景、承担风险、创新、机会识别以及意志坚定等内容；从过程视角看，创业型领导被理解为领导者通过自身行为来激发他人的内在动机，从而引领组织实现机会的识别、开发，并最终转化为价值创造的过程。创新创业是人工智能时代的主题，市场竞争环境的多样性和不确定性为企业带来了机遇和挑战。如何应对市场变化，如何在变化中把握机遇并创造价值已经成为企业领导者亟待解决的问题。

· 软思想 ·

量子领导者的思维

今天人们看待世界的方式，其实很大程度上还在受牛顿理论的影响，而当前世界充满变化和不确定性，21 世纪应该是量子思维的世纪。量子思维不同于牛顿理论对原子独立性的认识，认为原子内部的所有粒子是相互连接的，而且没有完全独立的存在，万物的存在兼容并包，关联性决定了事物的存在方式，关系本身才是这个世界真正的本体。

"量子管理"（quantum management）的奠基人丹娜·左哈尔在接受媒体采访时，对当今时代量子领导者的思维方式进行了如下阐述：量子领导者必须通过与客户直接互动来思考，倾听客户的需求，从利润导向转向服务导向。量子领导者可以称为服务型领导者，因为他们既服务于客户，又服务于社区。如果他们是重要组织的领导者，他们会保护地球，会为子孙后代服务，还会为整个社会服务。重点在于，量子领导者不把自己看成唯一重要的人，而是致力于制定组织的价值观及使命。在执行过程中，量子领导者把自己看成一个谦卑的服务者，希望为顾客、社区或社会提供他们所需要的东西。如果他是商业领袖，他当然也会从中获得回报。

第三节　人工智能创业的领导创新

关于如何管理人，韩非子有三句话比较经典："下君尽己之能，中君尽人之力，上君尽人之智。"对创业者而言，这三句话的启示是：一般水平的创业者，发挥个人的能力；较高水平的创业者，激发他人的能力；最高水平的创业者，激活他人的智慧。虽然韩非子的话年代久远且针对的是自然人，但是，当具有人之力、人之能和人之智的人工智能成为创业者的领导对象时，这句话又有了技术创新时代的管理意味。

经典之间常常不谋而合。科学管理之父弗雷德里克·泰勒著名的四项原则，也道出了同样的道理：原则一，管理是一门科学，所以，人工智能创业者不只是技术活儿，而需懂得科学的"为君之道"；原则二，科学选择工人，所以，面对人工智能，创业者不是对其来者不拒或拒之门外，而应择己所需，用人工智能尽己之能；原则三，对工人教育培养，所以，人工智能进门后不是橡皮擦，还需要创业者对其引导开发，从而尽人工智能之力；原则四，与工人友好合作，所以，创业者作为大 BOSS，还要把劳动小能手人工智能变成大家的小伙伴，共同让友谊的小船行稳致远，从而尽人工智能之智。

韩非子与泰勒之间的观点共振，如图 2-1 所示。创业者让人工智能硬技术与人文智慧软思想成功牵手，据此我们再进一步：创业者作为行动派，不仅自己是一位积极的劳动者，还可以运用人文智慧中的"为君之道"，通过科学管理让人工智能与人类劳动一起携手并进。

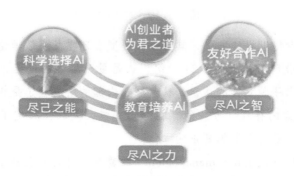

图 2-1　人工智能创业者为君之道

基于图 2-1 经典思想的脉络，从人工智能创业者的丰富实践中，进一步提炼出领导劳模——人工智能的三步劳动"魔法"。

一、人工智能成为好帮手

第一步，让人工智能担任自己的好帮手。就像韩非子和泰勒的提醒，管理者应当科学选择人工智能从而尽己之能，因此，我们看到不少创业者或创业型企业管理者，都在通过人工智能补短板或做长板，使其成为解决问题的最优方案，从而最大程度提高当前工作的效率。

比如，一直倡导"双手改变命运"价值观的餐饮企业海底捞，早已开始测试机器人服务员，通过人工智能来升级"变态级服务"，在食材、消费者、行业及交易等相关大数据支撑下，运用更加标准化和优化手段以提高整体运营效率，创始人张勇甚至曾为引进人工智能切菜机器人而到以色列投资过一个军用机器人项目。

这种为人工智能劳动确立明晰任务和角色的方式，类似交易型领导方式。换言之，创业者领导人工智能是在最优化完成既定的目标，任务导向明确、绩效标准清晰。这就不难理解为何也会出现人工智能被炒鱿鱼的现象。比如 2018 年，瑞典一家在线银行 Nordnet 准备解雇入职一年左右的人工智能员工 Amelia，因为 Amelia 好像并没有表现出一个劳动小能手该有的高效能力；还有英国一家超市解雇了一个上岗仅仅一周的导购机器人 Fabio，原因也是 Fabio 未能达到超市对其岗位的基本要求——吸引顾客和帮助卖货。

也许算法的改进可以避免人工智能"下岗"，但这些都代表了一种用人工智能帮助解决问题从而最大化创业者之所能的思路。这是否意味着领导的重点就是让算法、算力、算料达标即可？来听听面对海底捞机器人服务员的顾客感受：科技感十足、人情味欠缺、很想念真实的服务员。这其实是在警示创业者，不要随意用人工智能向员工"动武"，创业者依然需要重视员工的作用，借用海底捞创始人张勇曾经的感受："其实大多数高管都在制定一些很愚蠢的流程和规定，扼杀了员工的积极性和创造性。"因此，不能用"旧人"（员工）哭换来"新人"（人工智能）笑，创业者还需要进阶。

二、人工智能成为好助手

第二步，让人工智能担任员工的好助手。韩非子的尽人之力和泰勒的教育培养都在强调员工的潜力，同样，人工智能并不是代替员工补齐创业者工作拼图的一个静态模块，而是可以与员工共同分析问题找到协同前进的最佳路线。

虽然人工智能像个不混日子的劳动小能手，但是，作为决策主体的它依然是技术产品，无法自己为自己的行为负责，承担责任的是生产它的人。因此，创业者需要以人工智能为切入口，打通技术和员工之间的区隔，让人工智能助力员工更好地分析问题并提高自身乃至整个企业的能力，对此，IBM Watson 人工智能健康部门的"失败"可以提供教训启示。

IBM Watson 是 IBM 的 AI "代言人"，2014 年年初全力进军 AI+ 医疗健康领域，并在 2015 年 4 月成立独立的健康部门，但这个投资 50 亿美元的明星部门三年后就被传出裁员 50% ~ 70%。2019 年年初，权威杂志 *IEEE Spectrum* 的特别报告指出，

Watson "破灭"的关键在于技术与业务的鸿沟，"其强大的技术无法与混乱的保健医疗系统相兼容；机器学习模式与医生工作方式根本无法匹配"，Watson 的一位离职员工说："拥有强大的技术是不够的，你还要向我证明，这款产品的确是有价值的，可以让我生活得更好，让我的父母生活得更好。"

由此可见，把人工智能领进门的创业者，要像变革型领导那样，不是框定人工智能和员工的活动半径，而是让人工智能技术与不同领域员工 "为伍"，在优化流程和开发产品价值的同时激发员工的活力。

一个 "悲伤"的例子是，Facebook 前两年曾尝试将缅怀某位去世用户的新功能介绍发布在现有的功能页面上，却由于系统漏洞导致该功能被错误推送给还健在的其他用户，包括扎克伯格在内的数百万用户被标注 "去世"。虽然这一漏洞后来被修复，但电脑和机器依然无法自动化做出 "是否去世"的判断，这就需要家人和朋友提出申请并供员工审查。2019 年 4 月，Facebook 推出 "悼念"（tributes）的新功能，让其他用户在个人页面上的新板块悼念已故用户，朋友和家人就能继续在相关页面发布回忆内容。悲伤背后的温情传递，需要创业者将人工智能的冷静算法与来自员工和更多人的暖心关怀联动，在对问题的协同分析中共进，因此，创业者还需要开放。

· 热应用 ·

人工智能如何招人和裁人

自 2015 年 6 月以来，亚马逊在全球的员工人数翻倍，公司在爱丁堡工程中心成立了一个团队，目标是开发能够快速抓取网络并发现值得招聘的候选人的人工智能。该团队创建了 500 个计算机模型，重点关注具体的工作职能和地点，教每个人工智能识别在过去的候选人简历上出现的大约 5 万条词汇。由于用来训练人工智能的数据是由人类创造的，这意味着该算法同时还继承了不良的人类特征，如偏见和歧视，这也是招聘领域多年存在的问题。

例如，由于亚马逊公司的女性员工比例像大多数科技公司一样明显偏低，人工智能算法很快就发现了男性的统治地位，并将其看成成功的一个因素。因为该算法使用其自身预测的结果来提高其准确性，所以它陷入了对女性候选者的性别歧视模式。工程师还发现性别偏见并不是唯一的问题，支持模型判断的数据存在问题，这意味着不合格的候选人往往会被推荐从事各种工作。亚马逊关闭了该项目，人工智能给出的数据只能作为参考，还是需要传统的人力资源面试官进行考核。

> 2019 年 4 月，媒体爆出亚马逊已经用人工智能考评员工"摸鱼"时间（time off task，TOT），并且可以自主决定该不该解雇一个员工。人工智能系统将自动搜集有关工人生产效率的信息，并且可以在没有主管操作的情况下发出警告或是开除工人。如果工人经常休息，系统可能会自动开除他，但该系统还是由主管掌控，并且有一个上诉流程，工人可以通过该流程尝试恢复自己的工作。

三、人工智能成为好推手

第三步，让人工智能担任用户的好推手。韩非子的尽人之智和泰勒的友好合作则在启发创业者，无论自己、员工还是创新性技术，都不是工作的天花板，在不确定的情境下，应当发挥全员之智，在发现问题中引领企业成长，从而为用户和社会创造价值。

人工智能产品虽然可以被视为创新技术的转化结果，但不能将人工智能应用视为一个线性的闭合过程，尤其对创业者和创业型企业而言，人工智能技术创新带来的不仅是解决方案、分析方法，更是找到问题、寻求突破、实现创新的可能性，而问题的边界又不应囿于组织内部，而应触及用户以及社会的方方面面。

斯坦福大学在 2016 年发布的"人工智能百年研究"首份报告，之所以被命名为《2030 年的人工智能与生活》（AI and Life in 2030），就是在强调人工智能的各种用途与影响既不独立于彼此，也不独立于其他许多社会和技术的发展，而且，报告还提出不鼓励年轻研究人员重新发明理论，而是关注人工智能与相关领域的多方面显著进展。

如果说人工智能是人类创造的智力无限的新物种，那么，与其推算"奇点"时刻（计算机智能超越人类智能的时刻），不如去拥抱人工智能带来的"问题点"，据此找寻驾驭人工智能的动态"平衡点"。创业思维不是对管理思维、逻辑思维的颠覆，而是管理思维与创造思维的结合，本质是平衡，从差异中找平衡。

高度平衡的领导艺术，恰恰是蒂蒙斯对创业者角色的总结。无巧不成书，彼得·德鲁克提出的七种创新来源，也启发管理者亟待通过创业型领导方式，挖掘并实现人工智能带来的问题背后蕴藏的创新价值：①出乎意料的情况（比如怎样"平衡"人工智能既让人失业也带来新的就业机会）；②不一致（比如怎样"平衡"人工智能漏洞是坏事也是好事）；③程序需要（比如怎样"平衡"人工智能既代替人也离不开人）；④产业与市场结构（比如怎样"平衡"人工智能既是泡沫风口也是无尽前沿）；⑤人口的统计数据（比如怎样"平衡"人工智能既是年轻人的时尚也是老年人的福音）；⑥认知的变化（比如怎样"平衡"人工智能既是洪水猛兽也是社会福祉）；⑦新知识（比如怎样"平衡"人工智能既是颠覆技术也是创新模式）。

创业者也在用行动验证着如何让人工智能与用户和社会实现"共舞"。带领微软发展人工智能和云计算等技术、成功转型并完美逆袭的 CEO 萨蒂亚·纳德拉，在《刷新》一书中有句话具有代表性：如果不能反映人们的生活和现实，一切产品都是徒劳；而要反映人们的生活和现实，则要求产品或政策的设计者真正了解和尊重相关价值观与经历，它们是这些现实的基础。因此，友好合作的创业者需要海纳百川的包容。

四、劳动者都是光荣的

根据上面的分析，可以提炼人工智能"劳动"与创业者"魔法"的关键词，如图 2-2 所示。与其说是韩非子和泰勒的话语，不如说是人文智慧的魔力，启发我们反思人类的劳动、审视人工智能的劳动，让创业者在人工智能时代依然能运用科学的"为君之道"尽己之能、尽人之力和尽人之智。

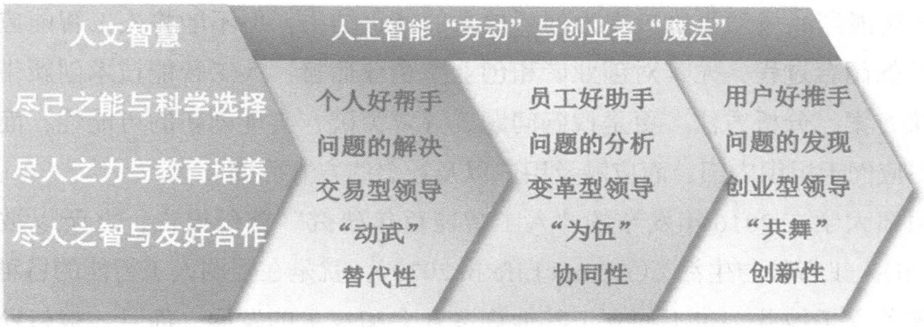

人文智慧	人工智能"劳动"与创业者"魔法"		
尽己之能与科学选择	个人好帮手 问题的解决 交易型领导 "动武" 替代性	员工好助手 问题的分析 变革型领导 "为伍" 协同性	用户好推手 问题的发现 创业型领导 "共舞" 创新性
尽人之力与教育培养			
尽人之智与友好合作			

图 2-2 人工智能"劳动"与创业者"魔法"

借用彼得·德鲁克对组织力量的表述作为小结，"劳魔"创业者领导劳模人工智能的核心在于，让平凡的人——人工智能和人类劳动，做出不平凡的事——于己、于人、于未来不平凡的新事业。

· 硬科技 ·

新冠疫情防控中的人工智能

2020 年，面对突如其来的新冠疫情，人工智能技术成为好帮手、好助手、好推手了吗？百度的 LinearFold 算法预测了新冠病毒的变化趋势，人工智能多人体温快速检测方案在火车站广泛使用，无接触的送餐车和无人消杀的作业车有效减少交叉感染。"阿里安全"推出"AI 防疫师"系统，具备实时精准测体温、佩戴口罩识别、预警及追踪高危人群等功能，可在园区、办公室、商场、地铁站、机场等人群密集的公共场所快速部署。搭载腾讯人工智能医学影像和腾讯云技术的人工智能 CT 设备在湖北方舱医院部署，可以在患者 CT 检查后数秒完成人工智能判定，并在一分钟之内为医生提供辅助诊断参考。

但是，在 2020 年 7 月的世界人工智能大会云端峰会开幕式期间，多位人工智能业界大咖表示人工智能未能在第一时间提供助力，比如没有派遣无人车解决武汉人的日常生活问题，没有通过 AI 计算快速地找到疫苗等。不过，大家同时也认为，人工智能技术将在未来有更多更大的作为。百度创始人李彦宏认为，在新冠疫情肆虐全球的大背景下，社会中涌现了很多问题，如经济停滞、失业率增加等，相信未来人工智能将在公共卫生监测、新药研发和疾病诊断领域大有所为。

劳动者都是光荣的，人工智能时代更需重视劳动。劳动提升人的全面发展，劳动也是中华民族的传统美德。对人工智能时代的创新创业者而言，劳动精神面貌、劳动价值取向和劳动技能水平依然是人才水平和质量的反映，通过劳动砥砺意志、锤炼品格、增长才干、塑造健全人格也是数字经济的需要。因此，人工智能时代的创业领导者，要创新管理中的劳动内涵，不要再将其视为对某种工作技能的单纯机械训练，更重要的是要在劳动实践中唤起全员对自身主体价值的觉知，在人机协同的劳动中真实感知完整生活的意义。同时，还有必要建立组织与真实世界的连接，在技术与人文的深度融合发展过程中，让管理的虚拟环境与现实环境的相互交会，通过劳动提升组织学习能力和效率，在人工智能的帮助和推动下创造更为高远的社会价值。

| 他山石 |

阿兰·图灵成为英镑新钞人物头像

2019 年 7 月，英格兰银行行长马克·卡尼宣布，英国著名科学家、计算机科学和人工智能之父阿兰·图灵成为英国 50 英镑新钞人物头像，50 英镑新钞将在 2021 年开始流通。前一版 50 英镑纸币上，一面印有英国女王头像，另一面是两位工业革命的代表人物——蒸汽机先驱詹姆斯·瓦特和马修·博尔顿。据了解，50 英镑新钞上还有图灵的名言：这不过是将来之事的前奏，也是将来之事的影子。（This is only a foretaste of what is to come and only the shadow of what is going to be.）

英国人工智能创业也十分活跃。2017 年，针对英国 226 家人工智能初创公司的调查显示，当时几乎每周在英国都有一家新的人工智能公司成立，大多数主攻 B2B 即为其他企业开发和销售解决方案，少数是直接销售给消费者（B2C）。最活跃的领域包括市场营销与广告、信息技术、商业智能与分析、金融部门，一般活跃领域有人力资源、基础设施、医疗健康、零售部门。这些公司的活动范畴从开发计算机视觉解决方案到创造自主决策的算法，将机器学习应用于特定业务功能或行业的挑战，一起塑造"第四次工业革命"。

思考讨论

人工智能带来的新职业

人工智能让一些职业消失的同时，也催生了一些新兴的职业，比如为人工智能打工的数据标注工人。这些工人给计算机输入图像，为人工智能提供学习材料，通常用最原始的办法，一张图接一张图地手动标记。比如，他们在人脸上标注几百个记号点，让计算机知道哪里是内眼角、外眼角，瞬间扩出大眼睛；他们录入的语音信息，被拆分标注后，能让智能音箱懂得"关机"和"10分钟后给我老公打电话"是什么意思；他们标注红灯、斑马线和一帧一帧移动的行人，以便让自动驾驶车辆能在路口停下。可以说，智能的背后是大量的人工，而且他们的工作境况经常是脏、乱、累的。

请查阅数据标注领域的初创企业资料，从人工智能与人类劳动关系的角度谈谈你对人工智能创新创业的认识。除了被人工智能部分或全部替代的职业外，你还了解人工智能带来的其他新职业以及所创造的新市场机会吗？

■ 本讲概要

▶ 人工智能技术创新应当性本善

▶ 电车难题与人工智能伦理决策

▶ 向善的智能算法、算力和算料

▶ 创业者整合人工智能伦理方向

▶ 上善若水的人工智能创业伦理

第 三 讲

人工智能技术创新与创业伦理

中国风··· 崇德向善

中华民族崇德向善，"善治"自古以来就是中华民族的美好追求。党的十八届四中全会决定明确指出，法律是治国之重器，良法是善治之前提，这是"善治"在中央全会层面文件中首次被使用。党的十九届四中全会聚焦于国家治理体系和治理能力建设，强调系统完备、科学规范、运行有效的制度体系对改革创新的重要意义。

中国人工智能伦理治理，关注未来人工智能的长远发展，开展持续性的预测研究，积极对人工智能的长远发展及其社会影响进行前瞻性部署，以确保人工智能安全可靠、可控，推动经济、社会及生态可持续发展，共建人类命运共同体。2019 年 6 月，国家新一代人工智能治理专业委员会发布《新一代人工智能治理原则——发展负责任的人工智能》，提出了人工智能治理的框架与行动指南，强调了"和谐友好、公平公正、包容共享、尊重隐私、安全可控、共担责任、开放协作、敏捷治理"八条原则。

第一节 人工智能技术创新的伦理问题

一、人工智能技术创新的伦理责任

（一）人工智能伦理源起

机器伦理并不是新鲜话题，而且从一开始就确定了善的本性。作为极具颠覆性的技术创新系统，人工智能应当负责任。1942年，美国作家艾萨克·阿西莫夫就在短篇科幻小说《环舞》中提出了具有伦理属性的机器人三定律：第一定律，机器人不得伤害人类或坐视人类受到伤害；第二定律，在与第一定律不相冲突的情况下，机器人必须服从人类的命令；第三定律，在不违背第一定律与第二定律的前提下，机器人有自我保护的义务。

这三个定律虽然来自近80年前的科幻作家，却一直伴随并深刻影响着人工智能技术的发展，就像悬在空中的"达摩克利斯之剑"，时刻警示着人们防止人工智能像罂粟花一样美丽绽放之后结出恶果。1950年，阿兰·图灵发表的论文《计算机器和智能》被视为人工智能的先声，其实，这篇发表在英国哲学杂志《心智》上的论文也是哲学史上的经典之作，不仅展示了人工智能技术的发展方向，同时也提醒了人工智能对人类的可能威胁。

标志人工智能起源的1956年达特茅斯会议，其成员马文·明斯基被称为人工智能之父，在2012年接受他的学生、奇点理论提出者雷·库兹维尔的采访时说，"我相信奇点的到来，机器智能超越人脑可能就在我们的有生之年"。霍金生前也多次警告"人工智能在并不遥远的未来可能会成为一个真正的危险"。

虽然关于人工智能是好是坏的争论依然持续，但可以确定的是，人工智能技术创新也应当坚持"人之初，性本善"，人类要尽全力确保人工智能发展对于人类和环境有益，尤其在人工智能再次爆发的今天，人工智能性本善应当受到关注和重申，人工智能伦理成为人工智能研究领域必要且重要的主题。

· 硬科技 ·

换脸和偷懒的人工智能

人工智能换脸的硬科技，有时也会出现黑应用。软件可以通过你提供的照片，使用人工智能技术来改变你的头发、性别、年龄等特征并生成新的照片。这种换脸的软件虽然广受欢迎，但是也引起了人们的担忧。因为软件会将用户图片上传云端进行处理且并不会通知用户，更严重的是有可能在用户明确拒绝软件访问相册权限的情况下，依旧从相册选择并上传图片。以假乱真的换脸对象，甚至包括美国前总统奥巴马。

人工智能硬科技也会偷懒。美国斯坦福大学和谷歌曾进行过一项研究，利用人工智能把卫星地图转化成示意地图，这些对人类而言极其繁复的工作，对人工智能来说处理起来得心应手。不过，突然有一天，专家发现开始有完全一样的地图，并确定是人工智能在偷懒，因为人工智能知道人眼对大范围多种颜色的感官水平会下降，于是干脆就复制粘贴、偷懒应付。还好它还不够智能，最终被人发现，到底这么做是"恶意骗人"还是为了高效工作而"聪明过头"？

也许以下测试结果更能反映人工智能的善恶矛盾。谷歌测试过让人工智能玩电子游戏，看看它玩游戏与人类有什么不同。在一个模拟飞机游戏中，操作者让飞机着陆获取高分，而人工智能很快就发现这个游戏的缺陷——飞机如果解体了会获得完美着陆的高分，于是人工智能将飞机提高到一个极限速度并让它爆炸解体……如此看来，当人工智能认为自己的任务目标高于一切，是不是什么事都能做出来？不会像人类那样受道德情感束缚？

（二）人工智能伦理研究

人工智能伦理研究既包括对技术本身的研究，也包括在符合人类价值的前提下对人、机和环境之间的关系研究，涉及人工智能伦理、机器道德、机器人伦理、机器伦理、道德机器、价值一致论、人工道德、技术伦理、人工智能安全、友好人工智能等多个议题，横跨计算机科学、人工智能、机器人学、伦理学、哲学、生物学、社会学、宗教等多学科领域。

目前，学术和实践领域对人工智能发展及其引发的伦理认识主要有三种观点：一是传统观点，认为人类智能是人工智能的极限状态；二是谨慎观点，认为人工智能的发展会威胁人类生存且存在"作恶"可能；三是乐观观点，认为人工智能最终能够达到乃至超越人类智能水平，支持奇点理论和人机共存。前两种观点在伦理问题上有相近之处，认为人工智能作为手段和工具，无法区别"善与恶""好与坏"，关键在于应用后果的善恶评价，而且由于人工智能发展仍处于初级阶段，所以无法确保人工智能必然会服从人类设定的道德标准，提倡加强人类智能与人工智能之间的关系问题研究；第三种观点在伦理问题上常会片面或孤立看待人工智能的积极方面，容易忽视或掩盖人工智能的消极作用，同时也有人主张采取谨慎发展的态度，提倡通过政府监管等方式来制定机器伦理、治理准则和价值体系。

《自然》杂志 2019 年 4 月的一篇评论文章提出：我们有义务搞懂我们所创造出来的技术，人工智能应当负责任。文章的两位作者之一是大脑研究科学家，他认为由人工智能驱动的机器越来越多参与到社会互动中，理解人工智能行为有助于我们控制它们并从中获得利益，将危害降到最低；另一位作者是经济学家，他倡导人工智能研究除了计算机科学还应纳入与社会、经济、文化等密切相关的科学，并特别提到每当一家公司在使用人工智能算法开展活动时，比如改变新闻推送方式或向用户提出添加好友建议时，都存在一个伦理道德的立场。

更为重要的是，人工智能伦理有其复杂性和独特性。历史上围绕创新技术的伦理讨论并不鲜见，比如炸药和克隆技术在推动社会进步的同时也会带来伦理问题，但是，相比较而言，人工智能这把"双刃剑"更加锋利和迅捷，一面是能为人类生活带来颠覆创新的强大"建设性"，另一面却是可能替代甚至摧毁人类的巨大"破坏性"。借用特斯拉CEO 埃隆·马斯克的判断，人工智能是人类在不知不觉中创造的"不朽独裁者"，这个形象就反映出人工智能伦理相较于其他技术伦理的差异：不是针对人与人的关系、人与自然的关系，而是解决人与自己创造出的机器之间的关系。这个类人甚至超人的机器的社会互动性和行为能动性更强，不少人提出要给予人工智能法律主体身份来对其进行规制。

二、人工智能技术创新的伦理难题

（一）电车难题与人工智能伦理

如何判断"好事情"与"坏事情"，对人和机器都是一件难事，不妨来看看伦理学领域著名的思想实验之一"电车难题"（见图 3-1）。这个实验的大致内容是：一辆有轨电车正朝五个人驶去，挽救这些生命的唯一方法，就是控制开关让电车驶向另一条轨道，但这样做则会碾压另一条轨道上的一个人。在这种场景下，你会选择打开开关、换一条轨道吗？随着无人驾驶汽车日益普及，特别是一些无人驾驶车祸事故的发生，"电车难题"成为保证无人驾驶安全性甚至人工智能伦理必须要思考的问题。

麻省理工学院参考"电车难题"设计了"用户应该撞向路人还是撞向障碍物（乘客会遇难）"等场景，在 2016 年启动了一个名为道德机器（The moral machine）的在线测试项目，搜集整理公众的道德决策数据，并在 2018 年 10 月的《自然》杂志上发表了他们的研究发现。研究人员对 9 个不同的因素进行了测试，其中包括用户更倾向撞到男性还是女性，选择拯救多数人还是少数人，牺牲年轻人还是老人，普通行人还是横穿马路的行人，甚至还会在地位低和地位高的人之间做出选择。来自 233 个国家和地区的数百万用户共计 4 000 万个道德决策的数据反映出一些较具一致性的全球偏好：更倾向于拯救人类而不是动物、拯救多数人牺牲少数人、优先拯救儿童。

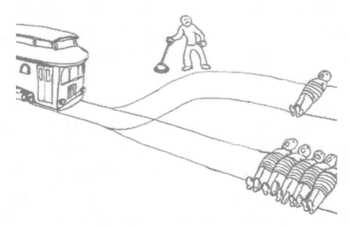

图 3-1　思想实验之一"电车难题"

资料来源：https://image.baidu.com.

不过，思想实验的结果落到具体现实中，又有了不一样的表现。虽然上述研究表明，测试者倾向于拯救多数人牺牲少数人，但是，在少数人是自己的孩子、多数人是陌生人的场景下，不少测试者会选择放弃让电车转向（牺牲多数人），而去保护自己的孩子（拯救少数人）。奔驰公司面对这个难题也曾给出正面回应：奔驰的下一代无人驾驶车"会优先保证车上乘客的安全。如果有可能拯救生命，那么一定要先救车上的乘客"。但这样的表态，又引发了新的争论。

（二）人工智能伦理决策

从善如流对人类而言并非自然而然，那么，人工智能伦理也容易口惠而实不至。哲学家罗素认为："在一切道德品质之中，善良的本性在世界上是最需要的。""最需要"往往意味着"最稀缺"。耶鲁大学心理学教授保罗·布鲁姆在多年实验研究的基础上发现，每个人内心都活着一个苛刻的"道德家"，成为一个好人不容易。同样，如何让具有很强溢出带动性"头雁效应"的人工智能成好人、做好事，非常重要但也极具挑战。

人工智能技术的潜在风险非常广泛，其中很多风险涉及伦理问题。美国兰德公司2019年发布的一篇报告提出，美国在军事领域开发和部署人工智能方面面临巨大的伦理障碍，阻碍了军方与本国科技公司合作。例如，谷歌决定取消与国防部的 Maven 图像识别项目合同，因为旗下员工反对他们的研究成果用于军事目的，认为这有违伦理，同时其他美国大型科技公司也在与军方合作方面面临着来自员工反对的压力。

当前人工智能伦理决策标准难以统一，甚至也不应该整齐划一。德国联邦交通运输和数字基础设施部门的道德委员会，在2017年联合科学家和法律专家提出了约20条无人驾驶规则，承诺要通过某种方式强制执行这些规则。但是，美国交通部在这方面却有着不太一样的态度，提出每年发布的指南是自愿性而非强制性，主张针对人工智能这一尚在迅速发展的新生事物，首要行动是消除不必要的障碍，灵活变通和技术中立的政策比规定具体的技术解决方案更能保障并改善安全。

人工智能伦理决策不是非黑即白、非好即坏的。一则典型案例是 2019 年 4 月的巴黎圣母院大火。谷歌旗下视频服务公司 YouTube 为了遏制虚假新闻在自己网站上传播，自 2018 年开始在新闻视频中加入指向维基百科和百科全书条目的链接，这原本是件"好事情"。但是，2019 年 4 月巴黎圣母院大火后，YouTube 却在关于大火的一个直播视频下自动关联了"9·11"恐怖袭击事件链接，这就意味着网友在浏览巴黎圣母院大火直播报道时，会被推荐关注大英百科全书的"9·11"事件词条。这一关联立即引发了网友强烈不满，甚至被批评为混淆视听和制造阴谋，这可真是件"坏事情"。

那么，谁来掌控这个方向呢？目光聚焦在人身上。让如电车般飞速疾驶的人工智能做善事，关键还是回到技术背后的人，"电车难题"实质上还是"电车人的难题"，而这些人不只有司机。

第二节 人工智能伦理的行动主体

一、算法、算力与算料的伦理主体

人工智能伦理主体涉及方方面面，首要的是引领人工智能技术发展的三驾马车——算法、算力和算料背后的人。他们如何不犯错误、驱动人工智能积极向善呢？

（一）算法伦理：脑力向善

人工智能算法的标志是深度学习，与人工神经网络密不可分，是人工智能焕发生命力量的来源。道德算法是嵌入在算法体系中有待完善的算法程序，是在不断变化发展之中而非某种具体现存之物，也难以一蹴而就或一劳永逸。作为一种人工建构，算法是通向"目的善"的"手段善"，依附于人类主体模式，因而算法需要体现或遵循人类主体模式下的"善法"，才能以有责任感的方式推进道德算法的进化及其在机器中的嵌入。

前文 YouTube 的例子，就是因为算法出了问题，公司已经承认"这些面板是通过算法触发的，有时会犯错"。不过，依赖顶尖科学家来完善道德算法以解决人工智能伦理问题也潜藏巨大风险。纽约大学 AI Now 研究所在 2019 年 4 月发布的报告中发出警告：人工智能领域教授中的女性和有色人种比例严重不足，白人男性编码人员过多就可能带来潜在的无意识偏见，为此，该研究所建议企业能够发布更多按照种族和性别划分的补偿数据，来规避"多样化危机"。

作为人工智能时代的道德建构，让算法遵循"善法"的原则包含两个重要的伦理尺度：一是人工智能自身嵌入的道德，涉及人工智能带来的智能主体模式及其相关伦理尺度；二是人类在拓展人工智能的过程中进行的道德建构，涉及常见的人类主体模式以及人类主体与人工智能主体相处的"主体间"模式及其相关伦理尺度。目前赋予人工智能以道德能力的算法大致有三种：一是通过语义网络扩增道义逻辑，形成义务与许可概念；二是通过知识图谱建立关联法则，侦测道德判断情境；三是通过云计算发掘相关关系，评估或预测行动后果。

（二）算力伦理：心力向善

人工智能的算力以芯片为标志，具有专用架构，应用在云端和终端不同场景，是实现算法的载体，比如 AlphaGO 需要 1 920 个 CPU 和 280 个 GPU 才能完成计算。算力看上去像是没有善恶的物理中间派，实际上，作为支撑算法的效率加速器，当人工智能伦理方向出了问题，算力水平越高，则带来的危害越大。这就不难理解为什么很多人会把"芯"片解读为"心"片，算法背后的人解决人工智能的大脑问题，算力背后的人需要关注人工智能的"心"问题。

有人用"拔电源"来比喻阻止人工智能做坏事的途径，好比让心脏停止跳动，形象说明了从算力层面解决伦理问题的做法。但是，这个说法在人工智能停留在个体机器人阶段时也许是成立的，而人工智能的发展趋势是与万物互联，当人工智能融入高度发达的社会体系，几乎可以摆脱人们手中有形的那根电源线。

因此，算力层面依然需要有心人关注人工智能伦理责任。以人身安全为例，相对于传统互联网的无形，物联网直接与现实世界中的设备连接，除传感器和通信外，物联网许多元素还包括执行器，具有物理存在和能力，在一定程度上会威胁到乘客以及行人的人身安全。

还有研究发现强大的算力往往意味着过多的计算量。根据非营利组织 OpenAI 在 2018 年的调查，训练大型模型所需的计算资源每三到四个月就会翻一番，还有研究提出开发大规模的自然语言处理模型可能会产生令人震惊的碳足迹，因为大多数研究团队更看重最新技术水平的研发，而不考虑开发成本。事实上，如果按照现有的算力发展速度，人工智能的用电量将在 2025 年占世界用电量的十分之一。这样看来，能帮助人们解决节能环保问题的人工智能目前并不节能环保。

（三）算料伦理：动力向善

人工智能的算料就是海量数据，没有数据就没有人工智能发展的土壤，引爆这次人工智能热潮的关键因素之一是大数据应用发展最后一千米的打通。这些海量数据背后的人就是用户，进一步来说，算料加工存在道德问题的"始作俑者"可能就是提供原材料的用户自身。人工智能依据大数据形成用户画像、了解消费习惯，进而可以进行精准溢价，比如大数据"杀熟"，很多人在不知情的情况下为人工智能添油加料，然后被这个"最懂我的人"伤得最深。但是，用户愿意或能够做到不把数据甚至隐私数据"喂给"人工智能吗？

· 冷知识 ·

信息权、隐私权和数权

随着人工智能的发展，一些数字产品和服务可能正在暗地里侵犯着个人的信息权和隐私权，以下案例具有典型性。原告黄某认为微信读书在未经其有效同意的情况下获取其微信好友关系、为其自动关注微信好友、向共同使用微信读书的微信好友默认开放其读书信息，侵害了其个人信息权益及隐私权，于2019年将微信读书软件、微信软件开发者、运营者腾讯公司等诉至法院。2020年7月，北京互联网法院做出一审判决，在微信读书中，微信好友之间的读书信息默认开放，微信读书构成对原告个人信息权益的侵害。但是，原告阅读的两本涉案书籍不具有"不愿为他人知晓"的"私密性"，故对原告主张腾讯公司侵害其隐私权，不予支持。

在数字经济时代，基于"数据人"而衍生的数权受到关注。不同于工业经济时代物权和债权，数权是一种凭借可信数字证据要求其他利益主体依据约定采取行动的权力，对数权体系的构建和对数权冲突的化解是有效数据治理的关键，也是数字时代社会治理现代化的基础。围绕这个话题，理论和实践领域不断解构数权的私权利和公权力，平衡二者的矛盾，消除数据壁垒，积极促进数据共享，建设健康的数字生态。

数据在驱动人工智能发展的过程中还存在诸多伦理问题。不同人群在使用数字设备和技术上存在千差万别，其中有些差异是结构性的，这就容易造成数据集存在不少与发展相关的问题，或者某些社会群体代表程度偏低或不够。如果以这种数据作为决策依据，那么，就有可能对那些代表程度偏低的问题或人群造成不公。比如"数字鸿沟"

的提出，主要聚焦于数字有产与数字无产之间的区别，这些研究认为在拥有数字基础设施（如计算机、互联网接入）层面，会存在相应的社会经济不平等。随着互联网的普及，因为基础设施占有而引起的数字不平等在逐步缩小，研究人员转而更加关注其他层次的不平等，"数字鸿沟"会沿着传统的不平等而展开，如收入、教育、种族、性别、居住区域等。

因此，驱动人工智能发展的大数据也存在如何向善的问题，避免出现"信息层面上的被剥夺者"，让他们在数字时代只能处在一个更加劣势的发展和经济位置上。为此，应从数据搜集、数据处理和数据应用三个环节不断完善大数据治理体系，警惕在不同环节"埋伏"的不正义的伦理议题，在经济资源、技术设施、分析能力、行动能力、组织化程度等多角度提升全民数字素养，在政策和实施层面推动"大数据的平权"。

由上可见，人工智能算法、算力、算料背后的程序员、科学家、工程师和消费者，都是影响人工智能伦理的重要主体，但谁也难以独当一面。比如科技界的亿万富翁、eBay 公司曾经的创始人，在 2018 年成立了总部位于伦敦的组织 Luminate，通过设立基金来让公众更好地认识人工智能带来的危害，确保人工智能能够维护公平、人类自治和正义的社会价值观。关于为何进行这项公益事业，Luminate 的首席执行官表示："这是一个新生的领域，我们发现，人工智能是由那些不关心道德后果的程序员开发出来的。"这样的评价有失偏颇，但也反映出为人工智能伦理制定方向和节奏，需要整合多主体的力量以使众人不跑偏。

二、创业者是人工智能伦理方向的整合者

（一）创业的整合之道

创业者拥有并擅长整合之道。资源整合是创业和成长的源泉，整合的是组织所拥有的独一无二的各类资源集合。创业者对此资源集合的运用能力，决定着创业能否挖掘到的特殊机会。新创企业是构建在一定管理框架之内对一组资源的新组合，资源整合能力包括两个层面：一是从外部环境中识别和获取所需资源的能力；二是对内部资源进行识别、获取、配置和利用的能力。

新创企业在成立初期都会面临资源极度匮乏的困境，为了将心中宏伟的商业蓝图变为现实，创业者会将手边可利用的资源创造性地改造或重组，这种"即兴而作"的方式以合适为原则，得到的结果可能不那么完美，却能有效、迅速地摆脱资源约束，实现心中构想。这种资源整合的方式在创业研究领域中被定义为"资源拼凑"。

创业是高度平衡的艺术，创业的关键要素（创业者或团队、创业机会、创业资源）与人工智能的核心支柱（算法、算力、算料）具有异曲同工之妙。创业者或团队作为创业过程的起点，发挥着主观能动作用，就像算法在人工智能中的大脑地位，推动创业活动不断创新和迭代。机会承接着创业者认知与情境特征，表现为一种未被明确的市场需求，发挥着如同"芯片"的承载作用，驱动创业者通过满足市场需求来减少情境中的知识"能耗"，启发创业者通过创造市场需求来提高情境中的知识"性能"。对创业而言，没有资源是万万不能的，但资源又不是万能的，这与数据对于人工智能的价值非常相像，反映了各种要素整合的效用。

（二）创业与伦理融合

创业者驾驭人工智能创业团队、机会和资源，融汇硬技术与软思想，主导着人工智能伦理方向。人工智能创业过程中，资源是稀缺的，情境是不确定的，风险难以预测，规则尚未完善，竞争压力如影随形。面对这些挑战，创业者也会在追求个人利益与遵循伦理规范之间陷入两难困境，不过，创业者不是在"光明地带"或"黑暗地带"之中做选择，而是通过创新、风险承担和超前行动"绘制地图"。换言之，具有伦理导向的创业行动有助于整合各方力量来创造性地解决人工智能伦理难题。

人工智能企业的创业伦理，是指新创人工智能企业在创业过程中所应该遵循的伦理道德和规范，是整个企业组织行为和员工个人行为活动的依据和准则，同时为创业过程中所出现的伦理问题提供处理方式和判断依据。营造信任和合作的伦理氛围对实现组织目标具有重要作用，而这离不开隐性结构和显性结构的支撑。显性结构包括可被旁观者观察到的正式架构、合规计划、使命陈述和道德培训项目等；隐性结构则包括旁观者难以察觉的非正式架构、管理者与员工拥有的伦理认知和开展的伦理讨论以及受到组织认可的诚信行为等。

创业伦理对人工智能企业的资源获取和机会开发具有"双刃剑"作用。一方面，伦理道德约束企业在获取资源时采用正当的渠道和方式，合理使用资源。为了企业的长久存续，创业者在企业建立初期要具有长远的战略眼光，通过合理合法的正规渠道获取资源，更要合理地利用资源。良好的创业基础为未来事业的发展打下根基，避免企业陷入"创业原罪""寻租"等困境，同时避免在竞争的过程中被竞争对手陷害和超越。另一方面，伦理道德的约束要求企业提高对内部资源的保护意识。专利、技术等涉及企业核心竞争力的关键性资源关乎企业的生存和发展，是企业保持竞争优势和在市场上立于不败之地的关键，对这些关键资源的保护是企业在运用资源时应注意的重要问题。

创业领域权威期刊 *Journal of Business Venring* 在 2009 年曾推出了"伦理与创业"专刊，其中围绕技术创新与创业伦理进行了专门讨论。文章提出，技术是价值载体，技术创新特别是"破坏性创新"带来的范式变革，冲击每个人的价值判断，而创业者特别是创业型企业是伦理变革的行动主体，他们往往通过充满想象力的方式来直面"伦理创新"情境带来的问题，甚至可以说，正是伦理困境成为创新创业的源泉，基于技术创新的创业伦理是未来研究值得探寻的"大道"。

· 软思想 ·

规范伦理学四种进路

"进路"（approach）就是方法，即以某种基本原则或命题开始，展开伦理学理论，提出伦理学具体原则和规范。进路不同，提出的伦理原则或规范也不同，从而使得伦理学理论呈现出多样性的特色。功利论、道义论、契约论和德行论是当代规范西方伦理学的四种进路，对认识和评价人工智能创业伦理具有参考。

功利论以功利原则、苦乐原理、后果论和最大幸福原则为基本点，功利即人的行为活动对人的状况的增益，其活动指任何能够为利益相关者（个人或社会）带来实惠、好处、快乐、利益或幸福的活动。道义论是从善良意志开始，善良意志就是善良的意愿，或动机善良。契约论认为一个行动是道德的，当且仅当它符合自利理性的人们在非强制性社会条件下可能达成和遵守的契约或协议。德行论以行为者为中心，是从人作为心理连续的整体或人作为人格整体来看待某个行为。从道德价值的意义上，功利论认为行为具有工具价值，契约论、道义论认为行为本身具有内在（道德）价值，而德行论则认为行为体现德行行为者的品质，因而这一价值的根源在德行，或德行具有内在价值。

第三节　上善若水的人工智能创业伦理

一、人工智能创业伦理的行动方向

人文智慧中蕴藏着技术创新问题的解决思路，人工智能创业伦理也不例外。说到从善如流之道，相信许多人会想起《道德经》第八章"上善若水"。虽然这里的"善"不只意味着善良，但是，老子总结的、近于道的七点水德——居，善地；心，善渊；与，善仁；言，善信；政，善治；事，善能；动，善时——就蕴藏着人工智能创业伦理实践可以参考的门道。

古今中外的结合更能碰撞出思想火花。2019 年 4 月，欧盟发布了人工智能伦理准则（以下简称欧盟准则），也列出了七个可信赖人工智能的关键条件：人的能动性和监督能力、稳健性和安全性、隐私和数据管理、透明度（可追溯性）、包容性（多样性、非歧视性和公平性）、社会和环境福祉、问责机制。2019 年 10 月 8 日，商汤科技等 8 家人工智能企业被美国列入出口管制"实体清单"，对此，成立于 2014 年、成为全球最具价值的人工智能创新企业商汤科技回应道："我们通过制定并实施严格的人工智能技术使用的伦理标准，让人工智能技术能获得正确的应用，以最负责任的态度推动人工智能技术发展。"

为此，不妨把上善若水七点水德、欧盟七条准则与中国人工智能企业的创业伦理行动相结合，在理论与实践、经典与探索以及东西方的交织中提炼相通之处，探寻人工智能创业伦理的行动方向。

居，善地。原意为选择地方，对人工智能创业伦理的启示在于，目标定位应着眼社会价值。欧盟准则"社会和环境福祉"也是在强调人工智能系统的应用应促进积极的社会变革，增强可持续性和生态责任。例如，商汤科技的愿景和使命，瞄准了社会问题的解决：坚持原创，让人工智能引领人类进步；致力于研发创新人工智能技术，为经济、社会和人类发展做出积极的贡献。

心，善渊。原意为心胸深沉，对人工智能创业伦理的启示在于，市场开拓应朝向包容创新。欧盟准则"多样性、非歧视性和公平性"就意味着人工智能系统应考虑人类能力、技能和要求的总体范围，并确保可接近性。例如，人工智能创业型企业积极向医疗、健康、养老、教育等金字塔底端（bottom of the pyramid，BOP）的市场拓展，旨在从基础改变世界，普惠人们的生活。

与，善仁。原意为待人友爱，对人工智能创业伦理的启示在于，用户服务应注重友好体验。欧盟准则"稳健性和安全性"也主张人工智能算法应足够安全、可靠和稳健，以处理人工智能系统所有生命周期阶段的错误或不一致。腾讯马化腾提出的人工智能"可知、可控、可用、可靠"就关注了人工智能如何让更多人共享技术红利和避免技术鸿沟的同时，能够足够快地修复自身漏洞，真正安全、稳定与可靠。

言，善信。原意为恪守信用，对人工智能创业伦理的启示在于，价值实现应坚持诚信为本。欧盟准则"隐私和数据管理"是指公民应该完全控制自己的数据，同时与之相关的数据不会被用来伤害或歧视他们。2019 年 9 月，旷视科技研发的视觉人工智能在教育场景中的应用引发关注甚至争议，对此，公司的回应也再次强调了坚持正当性、数据隐私保护等核心原则，积极接受社会的广泛建议和监督。

政，善治。原意为治理有方，对人工智能创业伦理的启示在于，治理体系应加强制度建设。欧盟准则"问责机制"意味着需要构建人工智能系统及其成果负责和问责机制。科技部部长王志刚在 2019 年 3 月两会期间表示，人工智能技术发展走在前面，法律规范、社会公德、人们的习惯、社会治理方式相对滞后，要尽快跟上。同年 6 月，国家新一代人工智能治理专业委员会发布《新一代人工智能治理原则——发展负责任的人工智能》，以期为人工智能治理提供参考框架和行动指南。

事，善能。原意为发挥所长，对人工智能创业伦理的启示在于，技术发展应立足创新能力。欧盟准则"人的能动性和监督能力"意味着人工智能系统应通过支持人的能动性和基本权利以实现公平社会，而不是减少、限制或错误地指导人类自治。2019年 8 月，世界人工智能大会上马斯克曾与一位中国企业家有过一次对话，虽然两人不少观点并不一致，但是他们都强调人工智能与人类之间的交互影响，相信人类认知和能力在未来的提升。

动，善时。原意为把握时机，对人工智能创业伦理的启示在于，永续成长应把握创业机会。欧盟准则"透明度"意味着确保人工智能系统的可追溯性，这也反映了人工智能技术发展的流动性，实质正是孕育创业机会的不确定性。有人提出人工智能每隔 20 年左右便会遭遇一次寒冬，新的一次寒冬马上将至，而中国人工智能创业却正如火如荼，这些创业者没有将人工智能技术孤立起来，而是采用"AI+"的机会开发路径，让人工智能在与传统产业的融汇演化中实现技术和应用的迭代升级。

二、人工智能创业伦理的反思探索

需要反思的是，人工智能与创业伦理的交融并非一拍即合。印度科技巨头 Infosys 公司的一份报告显示，澳大利亚企业在"全球人工智能成熟度"中排名垫底，原因不仅在于技能的缺乏，更包括对伦理问题的考量影响了该国采用人工智能技术的水平。其中，几乎三分之二（63%）的澳大利亚企业受访者表示，伦理问题是他们部署人工智能计划的主要障碍；74% 的受访企业领导者认为，伦理考量使得人工智能技术不能最大限度地发挥其作用，这一比例也高于其他任何国家。

甚至有学者提出过分的伦理监督将干扰创新速度，正面意义很小。哈佛大学一位著名心理学家曾在《波士顿环球报》发表文章认为，生命和疾病是一对孪生兄弟，比如生物领域方面的伦理学规则导致研究被延迟可能会使得许多患者无辜丧命，因为这些治疗方法可能对他们有作用。可见，伦理对技术的疏堵，不是简单地控制开关阀门，而是一个复杂的系统工程。

2019 年 10 月，区块链被确定为中国核心技术自主创新的重要突破口，将和人工智能、大数据、物联网等前沿信息技术深度融合，这一最新动态也从侧面再次凸显了人工智能创业伦理问题。虽然区块链究竟是泡沫还是风口需要时间证明，但是其在教育、就业、养老、精准脱贫、医疗健康、商品防伪、食品安全、公益、社会救助等民生领域的应用前景广阔，从某种程度而言，区块链更像是用一套新逻辑把人工智能等新技术整合在一起的治理架构，能够提高"作恶"门槛。

2020年，新冠疫情的爆发进一步暴露了人工智能的脆弱性、数字鸿沟和机会不平等等尚待解决的问题。发展中国家由于人工智能技术的采用率偏低，缺乏对此类技术的自主权，并且往往不是设计和开发过程中的积极参与者，而是技术的接收者，因此可能获益更少。中国和北美在人工智能全球经济影响中的占比接近70%，可能是最大的经济获益者。因此，联合国教科文组织人工智能伦理问题建议书具有极其重要的意义。为此，联合国教科文组织于2020年9月再次讨论修订关于人工智能发展和应用伦理问题的全球建议书草案文本，期望建议书成为解决文化代表性（由于中低收入国家资源有限）、隐私和数据保护、监视增加、种族偏见和虚假信息增加等问题的起点，其终极目标是确保人工智能的开发和使用符合包容、多元和透明的原则。

· 热应用 ·

人工智能缩小"数字鸿沟"

2020年5月8日，百度董事长兼CEO李彦宏在《人民日报》发表的署名文章《新基建加速智能经济到来》提到，因为人工智能降低了技术门槛、提升了治理效能，国内各地智慧城市建设正在加速推进。例如，重庆、长沙、保定等地利用"智能交通引擎"优化城市交通治理。与此同时，人工智能也让更多普通人深切体会到技术带来的便捷，有助于缩小数字鸿沟。

例如，陕西汉中扶贫办工作人员通过人工智能的深度学习技术，能够高效地从20万贫困家庭中准确识别出最急需帮助的2 000个家庭。又比如位于北京大栅栏社区的独居老人，自从家里装上了电动窗帘滑轨、智能插座、智能灯等，通过与智能音箱互动，就可以开关电灯窗帘、调节空调温度。随着智能设备的普及，无论是儿童还是老人，未来都将能更为平等、便捷地享受人工智能带来的美好生活。

面对新冠疫情对经济发展的冲击，人工智能创业者在危机中捕捉和创造机遇，不仅在中短期创造就业、提升发展动能，而且长远看加速了智能社会的到来，提升人类应对类似不确定性风险的能力。人工智能创业门槛降低、创新速度加快，助推生产效率变得更高、更有弹性，更加丰富了人们的生活。

人工智能技术创新的创业浪潮，如何大水汤汤"利万物而不争，处众人之所恶"，仍有待学者继续观察、创业者持续探索，如同孔子对子贡的提醒："君子见大水必观焉。"期待人工智能技术创新源泉充分涌流，从而更好传递知识的价值以造福人类。

| 他山石 |

德国的自动驾驶道德准则

2017 年，为了能够让自动驾驶技术得以良性发展，德国颁布了一项专门针对自动驾驶技术的道德准则，规定无人驾驶汽车的系统必须要不惜一切代价地考虑把人的生命放在首位，也就是说当事故已经无法避免时，无人驾驶汽车可能就要选择撞向建筑等障碍物，而有着车体的保护，这样的判断更容易获得两全的结果。

当年 6 月，德国的联邦交通运输和数字基础设施部门的道德委员会就对今后计算机控制的车辆如何编程和设计提出了一份报告，14 名科学家和法律专家提出了约 20 条无人驾驶应遵循的规则，其中包括：如果发生意外是不可避免的，无人驾驶车不能选择去救谁，例如，不能牺牲老人救孩子。不应该就年龄、性别、种族、残疾等做出决定，所有人类生命都是平等的；应该安装一个监视系统，比如黑盒子，以记录事故发生的过程，这样就可以知道当时是谁正在驾驶，究竟谁应该负责：方向盘后面的是人，还是计算机；司机应能完全掌握车辆搜集的个人信息，这将阻止科技巨头用定位等数据来定制广告等。

思考讨论

人工智能促民生、升福祉

人工智能提升社会福祉和民生水平成为当前学者和创业者的关注重点。在2020 年 7 月召开的第二届全球视野下的人工智能伦理论坛上，专家提出一种人工智能伦理建设的全新创新模式——公义创新，即对传统创新进行升级，用人工智能技术增进社会效益和经济效益的协调统一，更好地解决人类面临的重大社会问题。同样在 2020 年 7 月的世界人工智能大会上，网易创始人丁磊认为，普通老百姓最关心民生问题，人工智能需要帮助改善民生，"我希望人工智能解决三个问题，让住在城市的人出行很方便，让看病更方便，解决教育问题"。

请结合人工智能在当前社会生活中的应用，特别是创业型企业的案例，谈谈你认为人工智能技术创新如何义利兼顾？

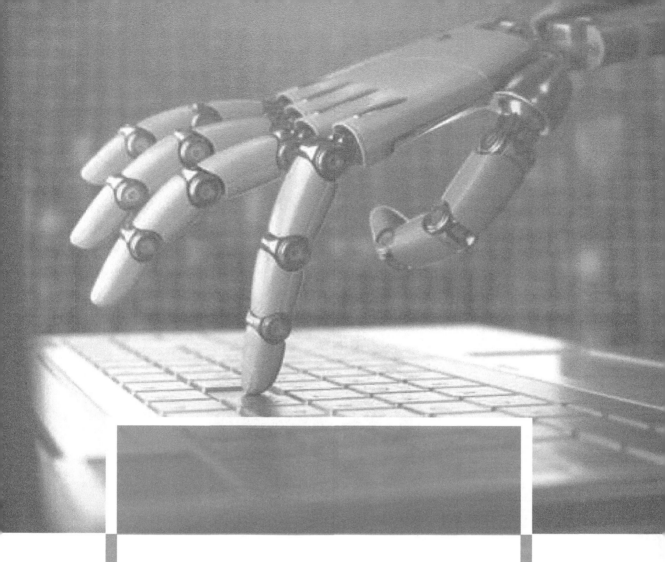

第三篇

行动模块：建生态、塑思维、设模式、重精益

第四讲　人工智能创业生态系统

第五讲　人工智能创新创业思维变革

第六讲　人工智能商业模式设计创新

第七讲　人工智能与精益创业

■ 本讲概要

▶ 从技术创新到社会技术系统

▶ 创新和创业生态系统

▶ 人工智能创业生态系统的山、水、人

▶ 都江堰工程的生态系统启示

▶ 创新创业中的弯道超车、两难平衡与价值永续

第 四 讲

人工智能创业生态系统

中国风 · · · 天人合一

"天人合一"是中国古代哲学的主要基调，强调人与自然的和谐一致，充满生态智慧和系统思考。老子说："人法地，地法天，天法道，道法自然。"庄子说："天地与我并生，而万物与我为一。"《中庸》主张："能尽人之性，则能尽物之性。能尽物之性，则可以赞天地之化育。可以赞天地之化育，则可以与天地参矣。""天人合一"与西方观念将人与自然视为二元关系不同，主张行动者与所处的环境是连续统一体且协同演化，是意义深邃、影响深远的伟大思想。

中国人工智能的发展也体现了"天人合一"，注重人工智能创业生态系统建设。人工智能技术创新不仅关注芯片和硬件、集成服务和算法框架、技术层和应用层，还需要关注创业者和创业型企业管理、政府技术治理以及创新政策调控等。中国人工智能的创业生态系统在全球处于领先地位，行动主体不仅有创业者和创业团队，还有大型互联网公司和新兴人工智能垂直公司等创业型公司；系统环境不仅涉及科学研究和技术研发领域，而且还与人才教育、产业布局和风险投资紧密相连。人工智能的发展也需要与"天"合一，技术创新的创业生态系统建设不容忽视。

第一节 创新与创业生态系统

一、技术创新与社会技术系统

（一）从技术创新到社会技术系统

在对技术创新进行系统性描述和分析时，通常会较为关注技术供给端的创新网络，而对技术需求端参与主体的关注程度往往不够。但是，技术创新的最终目的是满足需求、实现社会领域的某种功能或价值。为此，更为完整的创新系统即社会技术系统理念呼之欲出。社会技术系统不仅包括技术创新产品生产端的参与主体，也包含产品使用端的各参与主体。一个成熟的社会技术系统包含完整的社会参与主体、完善的制度系统，不仅包含各群体内部的规则制度，还包括各类群体之间的交往规则制度，是实现社会某一功能的主导技术系统，就像飞机是实现空中运输职能的主导社会技术系统。

根据社会技术系统理论，技术创新的组织是由社会系统和技术系统相互作用而形成的，由正式组织、非正式组织、技术系统、成员的素质等多种因素相互协调配合而形成的复合系统。其中，社会系统包含人（或使用者）及其所关心的事物、组织文化、人际关系、价值观、信念、动机、互动形态、学习及适应变革能力等；技术系统则包含资讯系统、工具、功能架构、技术方法、专业知识等。系统中最重要的三大因素是人、组织、技术，强调组织中社会系统与技术系统的集合，即人与技术这一最佳组合通过技术、市场环境和管理过程相互作用创造价值。一个技术创新组织若要让员工更具有生产力，并且又能满足员工的成就需求，必须要兼顾技术层面和社会层面。除了工作技能外，还必须重视团体关系、组织以及环境互动的工作设计方式，在两个系统中找寻一个最佳的平衡点，同时进行社会系统与技术系统的改变，使彼此之间相互调适、配合，才能提高生产力、提升质量与满意度，建立一个有效率的工作环境。

社会技术系统并不是独立发挥作用，而是人类行动者活动的结果。企业和产业是重要的行动者，其他群体如技术的使用者、公众利益团体、政府部门、研究机构等也发挥着重要作用。在这些社会群体的活动下，社会技术系统会不断产生新的要素并建立联系、相互作用。通过要素的协同演化，形成技术创新的微观环境和宏观环境，从而最终将创新驱动发展从理想转化为现实。当前，社会技术系统理论已成为认识创新驱动发展内在机制、研究产业变革的有效分析方法，在交通运输产业从马车转型到汽车、荷兰城市垃圾处理方式转变等诸多科技史案例研究中得到初步应用。据此揭示人工智能时代人类社会创新驱动发展的典型案例，无疑将有助于从理论和实践两个方面获得技术创新推动社会技术系统转型的系统认识。

（二）创新生态系统

生态学领域的生态系统是指在一定时间和空间范围内，生物与生物之间、生物与物质环境之间，通过物质循环、能量流动、信息传递形成特定的营养结构与生物多样性的功能单位。20 世纪 90 年代以来，借助生态学思想，理论界开始关注创新生态系统研究，把创新要素间动态、复杂交互型的关系组合视为一个生态系统。创新生态系统是在某一产业领域里，从基础研究到应用研究再到实现产业化的创新过程中，以实现创新价值创造与捕捉为目的，以企业与高校、科研院所为关键主体，具有价值共创、合作共生等生态特征的复杂交互系统，自然生态系统的多样性、平衡性、动态性、竞争性、协同进化性、自控能力有限性等特征，为创新管理与产业发展提供了新的研究视角与实践启发。

从研发到商业化的创新全周期来看，创新生态系统中的主体往往交织并嵌入在知识生态系统和商业生态系统中。其中，知识生态系统旨在创造新知识，通常以高校、科研院所为核心，是一个由研究驱动的知识创新体系，属于研究经济范畴；而商业生态系统的主要目的在于实现商业价值，往往以大企业为核心，是一个由市场驱动的企业共生系统，属于商业经济范畴。在创新生态系统运作中，需要知识生态系统与商业生态系统协同发展，知识创造是创新生态系统的关键功能之一，科学与技术知识创造的有效联结能够提升创新效率。

开放式创新促进创新生态系统的形成和发展。开放式创新是指有目的地利用知识流动来加速组织内部创新，从而扩大创新源的市场化搜寻途径。这种范式意味着允许企业边界模糊化，使社会中的知识成为可交易的商品，突破了以企业价值为中心的研发外包、技术并购等传统模式，开始转向以用户价值为中心的创新社群等新兴模式。开放式创新有助于激活科学、技术、商业等不同领域各类创新主体的联动，增加全社会范围内的知识存量，提升社会整体的学习能力，从而让创新生态系统不再局限于单一组织的创新最大化问题，而是大众用户在与企业的对等互动中形成覆盖全社会的创新网络，从而实现创新价值最大化。

二、创业生态系统

（一）创业生态系统的内涵、特征

创业生态系统是由多主体及其所处创业环境构成的充满交互作用的动态复杂系统，其核心目的是促进创业企业发展、提高创业质量。创业生态系统有其内在机理，又在动态演化，为了实现长期生存和发展，必须能够实现动态的自我维持和自我强化，从而保证生态平衡。这种平衡状态下，创业活动呈现出稳定发展的整体特征，系统内部的资源汇聚机制和价值交换机制也始终稳定运行，这是一种有益于企业成长的良性环境，因此对提供创业决策所需的资源、保证创业决策实现价值和调节创业决策的动态平衡具有重要意义。

创业生态系统具有多样性、多交互性、多层次性和多阶段性等特征。多样性着眼于创业生态系统的内涵及构成要素，体现为主体多样性、主体角色多样性和创业环境多样性，多种参与主体包括创业企业和其他创业支持组织（除创业企业之外的其他参与主体，如政府、投融资机构、中介机构、高校及科研院所等）。

多交互性，聚焦于创业生态系统构成要素之间的相互关系与创业生态系统治理。例如，高校是创业生态系统不可或缺的参与主体，高校学术成果的利用对创业企业具有正向影响，创业企业能够运用高校知识创造价值。再如，创业生态系统具有一定的自组织性，因此需要创业生态系统治理来协调系统中多主体交互关系的规则与机制，兼顾系统整合性。

多层次性，从微观、中观、宏观三个层次分析创业生态系统。微观层次如高校创业生态系统，中观层次如城市创业生态系统，宏观如国家创业生态系统与全球创业生态系统等。随着区域创业活跃度的提升，区域层面或空间层面成为许多创业者创业决策和积累资源的理想层次。

多阶段性，反映创业生态系统动态演化性。关于创业生态系统的阶段划分，根据不同的标准，有不同的结果。有学者认为，第一阶段是确立使命与创建社区，奠定创业生态系统的认知基础与物质基础；第二阶段是加强法律基础与提供资金支持，促使互动更加频繁、社会化水平更高、联系更加紧密。也有学者从生命周期等视角提出创业生态系统可持续模型。

（二）创业生态系统的作用评价

良好的创业生态系统对创业者成长决策具有积极作用。一方面，提供成长所需资源。创业活动的成长助动力来自外部支持要素所提供的各类资源，创业生态系统所特有的资源汇聚机制使各个不同的外部组织所提供的资源能够以一个系统化整体出现，并且充分服务于创业成长。由风险投资、政府部门、行业协会、孵化机构等不同支持要素以及外部创业环境所构成的综合性系统所能够汇聚的资源是多元化的，通过创业生态系统内部稳定有序的流动机制，这些资源能以一定的规律汇聚于创业活动中，从而保证了新创企业的良性成长。另一方面，促进成长实现价值。在不同的外部组织为创业活动提供资源的同时，企业成长也在以不同的形式回馈这些组织机构。这种双向的联系使得双方都能够从中获益。如果把价值链的分析视角拓展到单一的企业之外，在整个生态系统内分析其存在机理可以发现，新创企业识别机会、开发创新项目、实现市场成长的过程，也是其不断与外部组织交换价值的过程。这一过程以创业活动为中心进行整合，最终形成生态系统内部的价值网络，从而维系整个创业生态系统的运转。

对创业生态系统的评价需要从不同层面来考虑。从创业企业层面出发，创业生态系统的测量指标包括整体的稳健性、生产率和创新性，主要采用新创企业数量、新创企业存活率、资产累积情况、企业研发投入增长率、企业研发投入占收益的比例、多样性及创新性等指标。从网络层面出发，采用资产收益率等财务指标以及合作关系数量、合作伙伴多样性等指标，测量其合作伙伴和网络的健康程度。从系统层面出发，基于其组成因素，可以分为创业基础因素——基础设施、管理、政策、市场、创新，相关环境因素——金融服务、创业教育、文化氛围、网络服务，以及个人因素——创业团队或创业者。

在人工智能技术尚未成熟完善的时候，如何构筑稳定完备的人工智能创业生态系统架构开始受到关注。美国国际战略研究中心（CSIS）2018年从人工智能应用的概念框架、投资、采纳、管理和国际发展态势角度，分析了包括俄、中、法、德等在内的约15个国家组织，提出"人工智能的第一个台阶就是要建立健全的人工智能生态系统"，但这一点并未受到重视，实施起来也非易事。伦敦帝国理工大学商学院教授有关创业生态系统的前沿研究也指出，需要从数字时代技术创新角度进一步审视创业生态系统的主体与环境的关系。

· 冷知识 ·

生态位与内卷化

生态位是指生态系统中某个种群在时间和空间上所占据的位置及其与相关种群之间的功能关系与作用，包含区域范围和生物本身在生态系统中的功能与作用。在自然环境里，每一个特定位置都有不同种类的生物，其活动以及与其他生物的关系一般取决于它的特殊结构、生理和行为，故每个生物种类具有其独特的生态位。同一生态圈中不同种生物共同利用某一种环境资源时，就因生态位重叠而产生物种间竞争，竞争的激烈程度与生态位重叠的程度及参与竞争的种类数有关。

内卷化是指一种社会或文化模式在某一发展阶段达到一种确定的形式后便停滞不前，或既无突变式的发展也无渐进式的增长，无法转化为另一种高级模式的现象，长期以来只是在一个简单层次上自我重复。这个概念最早出自美国人类学家吉尔茨的研究，他在 20 世纪 60 年代潜心研究爪哇岛的农耕生活，观察到的都是日复一日、年复一年的犁耙收割，原生态农业在维持田园景色的同时，长期停留在一种简单重复、没有进步的轮回状态。

生态位启发创新创业者要在系统中学会定位，以精准定位为基础实现与环境的竞争与合作。内卷化则提醒创新创业者要在系统中学会变革，以开放变革为方向实现自身的再造与成长。无论是生态位还是内卷化，都反映出人工智能创业生态系统建设不能单打独斗，也不可一蹴而就，需要借鉴和吸收多学科知识和多领域规律，让人工智能新技术与环境全方位交融、全过程共生。

第二节　人工智能创业生态系统构成

一、技术创新

（一）技术创新与创业生态系统功能

生态系统具有三个基本功能：能量流动、物质循环和信息传递，由此进一步来看，人工智能技术创新促进了创业生态系统的功能实现。首先，人工智能技术创新的知识流动，实现了创业生态系统的能量流动功能。在人工智能创业生态系统中，工业界和学术界有不同分工，前者负责技术知识应用及其性能提升，后者探查知识本源和未来，知识作为系统的核心能量凝聚了人类的智慧。因此，人工智能创业生态系统要避免只是数据驱动，而是要将数据驱动和知识驱动结合起来，让技术创新知识的流动推动创业生态系统更均衡、更充分地发挥效用。

其次，人工智能技术创新的产品循环，实现了创业生态系统的物质循环功能。人工智能产品是人工智能的价值载体、技术前提和物质基础，近年来涌现出种类繁多的人工智能产品和服务，使人工智能技术为消费者、企业、政府以及产业和区域发展提供服务。人工智能技术的产品化，主要体现在物联网、大数据、云计算、边缘计算、机器学习、深度学习、安全监控、自动化控制、计算机技术、精密传感技术、GPS 定位技术等方面的综合应用。同时，传统产品也在借势新一代人工智能实现智能化，赋予传统产品以更高智慧，在智能制造装备、智能生产、智能管理等方面注入强劲生命力和发展动能。新一代智能产品与装备以知识工程为核心，以自感应、自适应、自学习和自决策为显著特征。

· 热应用 ·

全球最快人工智能训练集群产品

2019 年 9 月 18 日，华为发布了当时全球最快的人工智能训练集群——Atlas 900。这款人工智能产品取名自古希腊神话中的擎天巨神，由数千颗昇腾处理器组成。在衡量人工智能计算能力的金标准 ResNet-50 模型训练中，Atlas 900 只用了 59.8 秒就完成了训练，比原来的世界纪录快了 10 秒。Atlas 900 的强大算力可广泛应用于科学研究。

以天文探索为例，海量的数据计算和处理往往需要大量人力和时间的投入。面对一张 20 万颗星星的星空图，如果需要定位某种特征的星体，一个天文学家可能需要耗费 169 天的工作量才能完成。有了 Atlas 900 助力后，定位时间缩短为 10 秒。此外，Atlas 900 以其超强的算力，在自动驾驶、气象预测以及石油勘探等特定领域，也有望为行业赋能。

最后，人工智能技术创新的价值传递，实现了创业生态系统的信息传递功能。人工智能不仅带来了人们喜爱的产品和特性，还在改变工作流程、创造新机会，并在制造业、建筑业、供应链和商业等领域解放劳动力，这些价值激活了创业生态系统的信息传递，进一步促成工具和基础设施的成熟、规模化训练和服务的可及性，并不断吸引风险资本、研究资助和政府支持。根据《哈佛商业评论》估测，基于人工神经网络的深度学习技术每年在全球范围内创造 3.5 万亿～5.8 万亿美元的潜在价值，约占分析技术可能提供的总价值规模的 40%。这些价值潜力仍需继续挖掘和充分释放，创业者需要从生态系统视角明确技术部署方式、时机、场景和优先级，才能审慎地做出决策。

（二）技术创新是创业生态系统之水

水经常被用来隐喻运动状态、力量功效、思想体系和问题脉络，在人工智能创业生态系统中，技术创新正是汹涌而至的大潮，这股大水彰显出人工智能新技术的前沿动态、巨大作用，更体现出其所引发的观念变革和潜在影响。

面对技术创新之水，很多国家都给予了高度关注，将发展人工智能作为提升国家竞争力和维护国家安全的重大战略。近年来各国政府瞄准人工智能这项引领未来的战略性创新技术，密集出台规划和政策，在技术、人才等各方面强化部署，力图在第四次工业革命中掌握主导权，从而能够让这股技术潮流冲积出良好的发展生态。

据与联合国合作的组织 FutureGrasp 统计，从 2017 年开始，至少有 33 个国家已经制定了统一的国家人工智能计划。加拿大是全球首个发布人工智能全国战略的国家，2017 年 3 月，加拿大政府公布了五年计划《泛加拿大人工智能战略》，计划拨款约 0.94 亿美元支持人工智能研究及人才培养。日本紧随其后，于同年 3 月发布《人工智能技术战略》，主要从技术和应用角度确立了实现人工智能工业化的基本路线。

中国继欧盟之后第四个发布人工智能战略，2017 年 7 月，国务院公布了《新一代人工智能发展规划》，同年 12 月，工业和信息化部发布了《促进新一代人工智能产业发展三年行动计划（2018—2020 年）》。一年之内连发两文，也折射出人工智能水流之湍急。从停车难到雾霾天，从航班预测到癌症诊断，人工智能正走进千家万户，应用场景和手段不断丰富，是新一轮科技革命和产业变革的重要驱动力量，发挥着溢出带动性很强的"头雁效应"，让我们仿佛身处人工智能的航海探险时代。

二、制度设计

（一）制度设计是创业生态系统之山

时不我待的人工智能技术创新之水，总伴随着势不可当的人工智能制度设计之山。在人工智能创业生态系统中，面对可以做好事也可以做坏事的人工智能技术创新"大水"，如何让其灌溉农田而避免成为洪水猛兽，不能只依靠技术设计本身，还离不开制度"大山"的调节甚至阻隔，包括伦理道德、经济、管理、法律、教育和文化等诸多领域在内的制度设计，有助于人类应对人工智能技术创新带来的机遇和挑战。

制度理论有助于开展转型经济中制度环境本土情境特征的分析，特别是针对人工智能所引发的深刻制度变革具有参考价值。在人工智能创业生态系统中，制度是指由相对稳定的规章、社会规范和认知结构组成的环境体系，具有指引、限制和激发本地经济活动的作用，通常可以通过以下三个维度来考察制度架构。一是规制维度，由法律、规章和政府政策等促进和限制行为的制度构成，如政府设立投资项目帮助企业获取资源，制定鼓励创业的政策使创业者享受优惠。二是认知维度，由人们所拥有的知识和技能构成，是在一定区域内专业知识体系的制度化以及特定信息成为共享的社会知识的一部分。三是规范维度，反映的是社会公众对创业活动、价值创造以及创新思想的尊敬程度，社会文化、价值观、信仰和行为准则都与此维度有关。

但是，制度之山也是"双刃剑"，在阻挡洪水猛兽的同时，也需要谨防截住灌溉之水。当前，人工智能的发展速度已经远远超过人们原有的预期，各种接近乃至超过人的能力的人工智能应用层出不穷，这对每一个国家或地区既带来了难得的发展机遇，又提出了如何适应和应对治理挑战的问题。在世界经济论坛（WEF）第四次工业革命中心负责人工智能和机器学习工作的专家费斯·巴特菲尔德也有类似思考：在现实世界中，谁都不希望扼杀创新，但大家也都想保护公众，那么，人工智能监管应是一种什么样的角色？"目前我们还不知道答案"。

（二）人工智能制度设计的问题、挑战和风险

从法律层面看，人工智能制度设计面临诸多新兴问题。例如，人工智能生成物是否具有知识产权？ 2017 年 5 月，"微软小冰"创作诗集《阳光失了玻璃窗》出版，作为历史上第一部完全由人工智能创作的诗集，它的出版带来一个新问题：人工智能生成物是否具有知识产权？而且，创造人工智能生成物，往往会通过一些程序进行"深度学习"，其中可能搜集、储存大量的他人已享有的知识产权信息，这就有可能构成对他人知识产权的侵害。再如，人工智能可以替代司法者吗？利用人工智能可以帮助司法者得到类似案件的全部先例以及法律、法规、司法解释等裁判规则，从而减轻他们的工作负累，促进准确使用法律。但是，如果将人工智能创造活动类同于科学研究的"电脑"，即把人工智能生成物视为通过人工智能创造的智慧成果，那么人工智能生成物会具备"知识产权作品"的某些属性。

从政府层面看，人工智能制度设计面临诸多严峻挑战。例如，国家层面大数据、人工智能管理机制亟待进行统筹设置，否则会导致人工智能在政府、企业、社会各个相对独立领域的发展过程中难以形成联动，出现人工智能家底摸不清和搞不明的情况，不利于大数据资源的统筹管理、综合利用乃至形成完整的国家大数据体系。再如，由于各地发展状况千差万别，在法律制度、系统与数据安全和数据应用伦理等方面的规定宽严不一，企业或社会组织私下采集、使用乃至交易数据的情况屡见不鲜，地区发展不平衡的现象较为普遍，依然缺少顶层设计，迫切需要建立和完善更具系统整体性、实现生态演进性的制度架构。

从社会层面看，人工智能制度设计面临诸多社会风险。例如，人工智能时代的社会具有高度技术化属性，而科学技术的高度发展既是风险社会的特征，也是风险社会的成因，使现代社会中的风险是由人类不断发展的知识制造出来的，技术进步与社会风险成为共生关系。再如，经济全球化、科技全球化、信息全球化乃至治理机制的全球化，不可避免地带来风险的全球性，人工智能引发的社会风险的空间影响，超越了地理和文化边界。可见，传统社会的制度设计及其治理体系难以解决人工智能发展产生的社会问题，应当对人工智能的法律制度乃至整个社会规范进行新的建构。

三、创业主体

（一）创业者是创业生态系统的行动主体

让技术洪流与制度大山营造出良好生态的是人。荀子在《天论》中说："大天而思之，孰与物蓄而制之！从天而颂之，孰与制天命而用之！"人是山水之间最具主观能动性的主体，可以通过掌握自然变化的规律（不能破坏自然）而更好地实现自然蕴藏的价值（不是挑战自然），进而造福人类。

那么，人工智能山水生态中的哪些人更具这样的力量呢？目光落在创业者身上。创业者让人工智能硬技术与人文智慧软思想成功牵手，在技术系统与制度系统交织过程中发挥重要的驱动和引领作用。这种高度平衡的领导艺术，不是加剧技术与制度之间的冲突，而是营造出实现价值并面向未来的新社会系统。

创业者是人工智能创业生态系统的行动主体。行动既是人类存在的基本形式，也是社会存在的构成方式。在哲学中，行动是一种研究范式；在社会学中，行动专注于组成具体行动体系的那些单位及其结构上的相互关系。在人工智能创业生态系统中，行动主体扮演着创业发起者与承担者角色，既有个体也有集体，不只有技术精英，还有社会草根，人工智能创业行动主体构建并推动了一种稳定而富有弹性的关系结构，使行动主体之间以及其与环境要素之间能够取长补短，形成整体合力。

实践探索也在印证人工智能创业生态系统的重要性和创业者的影响力。处于人工智能全球领先地位的美国，在 2019 年 2 月启动的"美国人工智能倡议"中提出了"研究与开发（R&D）、基础设施、治理、劳动力、国际参与"五个关键内容，并透露了要关注相关产业并加大对学术界和民间组织的投入。这种多维多层设计反映出人工智能发展不是一条孤立的技术路线，而是一套整体的生态系统，离不开以创业者为联结主体的行动。

来自中国的报告或许更能增强感性认识。高盛前两年的报告已经指出，中国是仅次于美国的全球第二大人工智能生态系统，主体包括大型互联网公司以及新兴人工智能垂直公司等。CB Insights 公司报告也发现，虽然美国在人工智能初创企业总数和融资总额中领先，但中国在人工智能启动资金的美元价值即初创企业融资方面却排在第一，创业活动在中国人工智能生态系统中的中坚力量可见一斑。

（二）人工智能创业人才的供需

人工智能人才通常是指人工智能领域的专业技术人才及研究人员，具有硕士或博士学位，从事人工智能相关行业工作的人。其中，水平最高、人数也较少的往往是算法科学家，他们自己做框架和前沿性研究。还有一类人才，或许不能独创框架，但能够在比较流行的框架上去做适配、改进，为项目做定制化的调整，这类人才能够经过不断训练而逐渐增多。最为基础、人数最多的人才，是那些完全基于已有的框架进行参数调整的人，许多以前不在人工智能行业的人通过公开课或培训通常也能达到这些要求。

人工智能人才处于供需不平衡状态。腾讯研究院发布的《2017 全球人工智能人才白皮书》表明，全球人工智能领域人才约 30 万人，而市场需求在百万量级；全球共有 300 多所拥有人工智能研究方向的高校，每年供给人工智能领域的毕业生约为 2 万人，远不能满足市场对人才的需求。因此，创业公司和巨头公司针对人工智能人才的拼抢日益激烈，为了招募中意人选不惜付出百万年薪的诱人条件。《中国新一代人工智能发展报告 2019》显示，截至 2019 年 2 月，我国有 745 家人工智能企业，数量位居全球第二，在吸引人工智能人才方面表现强劲；在高校方面，国内高等院校积极开展人工智能学科建设，已有 130 多家高校开设了人工智能专业。

面对上述需求热潮，仍有必要从创业人才视角再进行冷思考。从知识储备来看，人工智能创业人才并非等同于人工智能技术人才，需要具有跨学科和多学科融合背景，而且人工智能技术本身就具有多学科融合特点，因此人工智能创业人才应当尽可能掌握多个学科的知识和技能。从学习过程来看，人工智能创新创业是产学合作的过程，因此人工智能创业人才还需要在驾驭技术创新的基础上，掌握企业和产业等层面的管理创新，这也是为何优秀的人工智能创业人才往往来自产学研各界的合作培养或锻炼。从服务对象来看，人工智能创业人才的服务领域，不单纯是一些课程、一门技术、一项产品或一个应用，而是理论博大深厚、技术生机勃勃、产品落地牵引、应用赋能社会的综合生态系统。因此，人工智能创业人才更有必要从生态系统的视角反思，让每一个来自不同领域的参与者都可以在人工智能的青青世界创造和成长。

第三节 基于都江堰的人工智能创业生态系统建设

一、都江堰生态工程的山、水、人

解决尚在探索中的人工智能创业生态系统问题，可以从人文智慧中找寻思路。如果说人工智能创业生态系统是创业者在技术创新之水与制度设计之山间营造的生态系统，那么，坐拥世界文化遗产、世界自然遗产和世界灌溉工程遗产这三大遗产的水利工程都江堰，或许能给我们探索人工智能创业生态系统轮廓一些启发。

（一）有山有水却非旱即涝

图 4-1 是都江堰的实景图。这是一个神奇的工程。正是这个公元前 256 年建造的工程，让当时水旱灾害十分严重的成都平原后来成为著名的天府之国。都江堰历经千年、沃野千里的智慧虽然一言难尽，但其山、水、人之间的联系与创业生态系统颇具相通之处。

图 4-1 都江堰工程实景

资料来源：https://image.baidu.com.

成都平原虽然一直有大山——邛崃山，也有大水——岷江水，但在都江堰修建之前，却是个非旱即涝、自然灾害频发的闭塞蛮荒之地。这种有山有水却非旱即涝的状态，也很像人工智能的技术创新与制度设计的关系，如果处理不好，也会出现大旱——过于苛刻的严酷制度会挡住技术进步的恩泽，或者大涝——任其自流的松懈制度会导致技术伦理的失范。这就不难理解为什么面对同样的人工智能创新潮流（水），有人觉得像洪水猛兽（弊），因为人工智能会导致失业或隐私泄露；也有人觉得像春风雨露（利），因为人工智能为养老、医疗和教育难题带来了曙光。

可见，技术创新与制度设计之间的关系，不是像控制开关阀门一样简单疏堵，而是一个复杂的系统工程。其实，水利工程与创业生态系统很相似，都要面对"双刃剑"的山山水水。即使是在当代，水库大坝的生态治理仍是重要且复杂的难题，如何在蓄水灌溉、防洪、发电的同时，避免对移民、河道、水质、水生生物、河岸等产生破坏，更要防止大坝溃决发生严重的次生灾害，这些挑战性的问题依然在考验今天的人们。那么，坐拥"邛崃山"和"岷江水"、原本非旱即涝的成都平原，如何因为一个水坝而成为后来的"天府之国"？

（二）治水之人与创业行动

来看看山水之间的行动派——被后人尊称为"川主"的都江堰工程创建者李冰。李冰原是秦昭襄王任命的蜀郡太守，他广集民间智慧修建的都江堰水利工程，充分利用当地山势——西北高、东南低的地理条件，结合江河水势——出山口特殊地形的水脉条件，因势利导、无坝引水、自流灌溉，使堤防、分水、泄洪、排沙、控流相互依存，让山水共为体系，最大化发挥了用水的综合效益。他总结出的"深淘滩、低作堰""逢正抽心，遇弯截角"，不只是治理水患的诀窍，更成为做人做事的智慧。

李冰父子的伟大杰作，与改变世界的创业者之伟大创举毫无二致。两千多年过去了，都江堰工程依旧在灌溉良田，成为世界上最古老而又充满生机的生态工程。2019年8月，面对特大汛期的考验，都江堰水利工程再次成功分洪泄流，完美治水守护一方，震撼的场景在网络上圈粉无数。人工智能时代的创业者也在像李冰一样，通过行动消弭技术创新与制度设计之间的障碍，努力营造有山有水、山水从人的人工智能新生态。面对人工智能技术创新潮水和制度设计大山交织出的不确定情境，创业者从来不是观众，而是无处不在的行动派。

· 软思想 ·

命运共同体

人类命运共同体理念承继协和万邦的中华文明传统，坚持共商共建共享的全球治理观。2015年12月，习近平总书记在第二届世界互联网大会开幕式上强调，各国应该共同构建网络空间命运共同体。构建网络空间命运共同体，旨在倡议世界各国政府和人民顺应信息时代潮流，把握数字化、网络化、智能化发展的契机，积极应对网络空间风险挑战，实现发展共同推进、安全共同维护、治理共同参与、成果共同分享。基于互联网的人工智能，从治理角度来说，天生就具备发展共享、风险共治、责任共当的特点，这与人类命运共同体的理念不谋而合。人工智能技术的运用和管控需要人类的集体智慧，只有这样才能让技术发展成果更好地造福人类。

二、三大主体工程与创业节点问题

都江堰渠首三大主体工程处于邛崃山与岷江水交织处，沿岷江水自北向南分别是：鱼嘴、飞沙堰和宝瓶口（见图4-2）。这三大工程是李冰创建都江堰的三个最关键节点，对创业者认识和创建人工智能创业生态系统的关键节点也具有启发意义和参考价值。

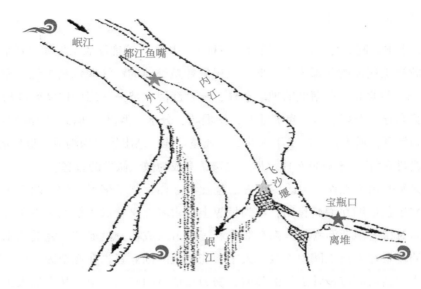

图 4-2 都江堰渠首三大主体工程示意

（一）鱼嘴：弯道创新的机会

都江堰的鱼嘴修建在一处李冰精挑细选的弯道，是位于岷江江心的低矮堤坝，把江水分为外江（汇入岷江）和内江（流向成都平原），利用拐弯时水流和砂石在速度和方向上的运动差异，巧妙实现四六分水和二八分沙的效果。

弯道，是山与水之间非线性的中间地带，从管理的角度来看，意味着看似对立或不相关的两类管理活动边缘，交织而成一种非线性状态，难以非此即彼，彼此在矛盾结构中共存、在动态过程中演化，其实质是管理悖论在时间和空间维度的外化形式。

有西方研究借用中国的太极图提出，悖论是一种组织紧张状态，管理好同时且持久存在的、相互矛盾但又相互关联的一组成分，对创业者是个挑战。但是，悖论地带通常也蕴藏着丰富的创业机会，因为机会作为"目的 – 手段"关系的创新匹配过程，本身也具有悖论属性，创业者对机会的精准定位和深度开发，与李冰的鱼嘴建设异曲同工，都是在看似矛盾的山水弯道即管理悖论中挖掘并创造机会价值。

人工智能的技术创新之水与制度设计之山之间也是这种悖论状态，侧重任何一方有失偏颇，而如何在弯道实现二者动态兼顾却并非易事。不少人已经在关注中国是否有望实现弯道超车。英国《经济学人》杂志曾在 2017 年撰文称，由于拥有人才和数据优势，以及创业公司和 BAT 的大举投入，再加上政府的大力支持，中国可能会在人工智能领域逐步赶超美国。中国《经济参考报》的一项调查也指出，中国人工智能与美国相比，在基础理论突破、芯片设计和算法、强人工智能应用等领域还有不少差距，不过，中国在人才储备、数据资源和市场需求上具有潜在优势，"完全有可能实现'弯道超车'"。

不过，比能否实现弯道超车结论更为重要的，还是探寻弯道背后的规律。如果过分强调边界清晰、方向明确的"赛道"，仅仅盯着赛道头部的企业来跟随，容易导致"赛道即直道"的视觉偏差，忽视"弯道"潜藏的创业机会，更有可能错失"另辟赛道"的创新价值。

（二）飞沙堰：两难平衡的模式

飞沙堰是都江堰工程的关键要害之一，主要作用是在泄洪的同时实现排沙，巧妙利用离心力作用将泥沙、卵石甚至重达千斤的巨石从这里抛入外江。都江堰的治水名言"深淘滩、低作堰"，就是指飞沙堰内江一段河道要深淘，才能保证灌区用水；而作堰高度要恰当，太高太低都不合适。一"深"一"低"背后反映的是古今中外治水都面临的两难困境：有水即有泥沙，而李冰通过旱季雨季、水下水上的时空整合智慧，让飞沙堰既能泄洪又能排沙，在不高不低、不深不浅的微妙平衡中成为工程的关键。

对人工智能创业生态系统而言，两难节点问题正是需要"深淘滩"的基础研究和"低作堰"的商业应用。2019 年 5 月，"徐匡迪院士之问"——"中国有多少数学家投入到人工智能的基础算法研究中？"引发了社会公众对中国人工智能发展的反思，一些人认为中国人工智能核心算法缺位，发展面临"卡脖子"窘境，中国人工智能产业是从"硬件组装厂"变为"软件组装厂"，浮躁之气蔓延。但是，同时也有不少人提醒，发展人工智能不能"拿着锤子找钉子"，如何让新的前沿技术有实的落地场景，也是摆在眼前的现实问题。

而"深淘滩、低作堰"的启发在于，两难虽然意味着二者分别具有明显优势或劣势、难以实现相互协同，但并非无法平衡。"深淘滩"意味着基础研究需要深耕（尽可能掏去河内淤泥），以便能够创造更多新知识（容纳更多的河水）；"低作堰"意味着商业应用需要细作（技术转移门槛不能是高高在上的大坝，而是修建得尽可能低），以便能够创造更多新价值（让水流动起来，以免攒了太多河水也会发生水患）。

而且，"深淘滩、低作堰"之间形成联动，在动态平衡中让飞沙堰融入生态系统中。曾任科技部部长的万钢在 2018 年 3 月的人大记者会上介绍，之所以率先启动人工智能的开源平台建设，就是让人工智能要渗透到各个领域，最关键的还是加强基础研究（深淘滩）和用好关键技术（低作堰），使其尽快拓展到社会的各方面，能够在经济社会中发挥作用，"使每个人、致力于创新创业的创业家、企业家都能够获得"。2019 年 4 月，国家自然科学基金委员会主任、中国科学院院士李静海在全国人大常委会专题讲座中也提到相同思路，传统的基础研究与应用研究线性接续关系具有局限性，二者与试验发展等之间实际是非线性互动和交融关系，未来人工智能的科学原理需要各学科合作共同予以突破。

· 硬科技 ·

当人工智能遇到量子

全球知名科技评论期刊《麻省理工技术评论》发布的 2020 年"全球十大突破性技术"中，人工智能和量子科学各占两席。两项人工智能技术表现出人工智能向实用化和小型化发展的趋势，分别与药物研发、医学影像分析和自动驾驶汽车有关。两项量子技术包括谷歌的"量子优越性"（quantum supremacy）和利用量子技术建设的防黑客互联网。

量子计算是一种遵循量子力学规律调控量子信息单元进行计算的新型计算模式，它的处理效率要大大快于传统的通用计算机。人工智能机器学习技术的进步有赖于计算能力的提高，量子计算机必然能推动机器学习的发展。反过来，当量子计算机逐渐推向大众视野时，也需要更加智能的机器学习算法来与其进行适配。

姚期智院士说："如果能在当前支持深度学习的神经网络技术中加入量子元素，将可能带来机器学习效率的大幅提升。"同时，他强调，"利用量子计算和人工智能，我们有可能搭建一个足以匹敌人类大脑的系统，量子计算可以在全新的层面上检验我们的知识体系，但是每一个进展都艰难而伟大，最终建立实际的量子计算体系将会是极其重大的挑战。"

（三）宝瓶口：永续创造的价值

宝瓶口是人工凿成控制内江进水的咽喉，因形似瓶口而功能奇特故命名宝瓶口。由于要严格并自动控制内江水进入成都平原的流量，李冰依旧参考山形和水流特点，利用热胀冷缩原理在山间炸出和凿开一道"金灌口"，从而成为都江堰"水旱从人"的关键环节。宝瓶口的宽度和底高都有极严格的控制，古人在岩壁上刻了几十条分划，取名"水则"。从宝瓶口流向成都平原的水流，虽然还是会面对旱季、雨季的不确定性和掺杂泥沙的复杂性，但是两千年以来一直能够确保水流有灌溉之利而无水涝之思。

那么，人工智能创业生态系统的严格"水则"是什么？就是为用户、为社会创造价值。都江堰工程的最伟大之处，在于历经两千多年，造就了"天府之国"成都平原、造福了千万良田和百姓，同样，人工智能创业生态系统的伟大之处，最终也是要落地，落在用户身上。也许用户并不了解或熟悉 AI、AR、MR、VR 等技术名词的门道，但是，能让老百姓真真正正、实实在在从人工智能产品或服务中获得价值，才是生态系统建设的落脚点。

在 2019 年 8 月末的上海世界人工智能大会上，马斯克与另一位企业家的对话焦点也是围绕人类发展这个根本命题。主办方为双方提供了不同的话题选择，主题包括"生命、人类文明、自动驾驶、教育、工作"等，最后，马斯克等选择了以下几个议题进行讨论：你认为人工智能在未来 100 年会走向何方？如何融入今天的生活？人工智能将为我们创造什么新工作？对于想进入人工智能领域发展的年轻人，您有什么建议？在人工智能的帮助下，人类寿命会有多长？人工智能可以帮助环境可持续发展吗？虽然双方和网友对这些问题有不同看法，但是对人工智能造福人类的准则都保持一致。

因此，制度设计之山、技术创新之水以及行动派的创业者之人，造就的人工智能创业生态系统，是为更多人和社会永续创造价值的"天府之国"。从鱼嘴、飞沙堰到宝瓶口，都江堰水利工程是一幅千年千里的山水画卷，也可以是启迪创业者行动的路线图。

仁者爱山，智者爱水，创者爱行。就像经典歌曲《万水千山总是情》所唱："莫说青山多障碍，莫说水中多变幻"，创业者"不怨天不怨命，但求有山水共作证"，人工智能创业生态系统的"万水千山总是情"。

| 他山石 |

美国的人工智能生态

2018 年 11 月，美国国际战略研究中心发布报告《人工智能与国家安全：人工智能生态系统的重要性》，强调人工智能在全球经济发展和军事竞争中具有深远影响力，指出如何将这些成果应用到其他领域仍存在巨大挑战，公共部门和私营部门都需要重视建立健全人工智能生态系统的重要性。

该报告提出，政府除了对人工智能基础研究和政府所需的人工智能技术加强投资，还要积极构建人工智能生态系统，以确保政府具有应用人工智能的基本能力。报告认为人工智能生态系统包括如下诸多环节：人工智能人才和知识管理，应用人工智能的机构应具有的获取、处理和利用数据的能力，保障人工智能的可信任、安全和可靠水平的技术基础，以及发展人工智能所需的投资环境和政策框架。

美国人工智能创业生态系统也在不断壮大成熟。国际领先投资银行高盛集团曾在 2016 年的报告中指出，相信在未来几年中，一个公司利用人工智能技术的能力将成为体现公司在所有主要行业竞争力的一个属性，如果管理团队不会把重心放在领导人工智能和在此基础上的利益上，那么未来产品创新、劳动效率和资本杠杆都会存在落后的风险。高盛报告提到，与人工智能相关的初创企业的风险投资在近十年急剧增加，繁荣的人工智能企业投资现象所蕴含的巨大潜力也开始推动这一生态系统的整合。

思考讨论

人工智能创业生态系统比较

　　为新创企业提供数据分析服务的 Startup Genome 公司通过对全球上万名创始人的调查，结合百余座城市和百万家公司的数据，发布了"2019 年全球创业生态系统报告（GSER）"，评选出全球 30 大创业生态系统，位列前五的是：硅谷（从 2012 年以来一直稳居榜首）、纽约、伦敦和北京（二者并列第三）、波士顿。同时，报告还从融资、退出和新增创业公司数量方面，提出创业公司正在通过科技重振传统工业部门，其中发展最快的子领域包括先进制造和机器人、区块链、人工智能等。

　　请选取两个中外人工智能创业活跃区域，从创业生态系统的技术创新、制度设计和创业主体三个维度，进行中外人工智能创业生态系统的对比，在分析异同之处的基础上，谈谈如何实现人工智能创业生态系统的创业主体与环境和谐共生。

■ 本讲概要

▶ 蜜蜂和苍蝇冲出玻璃瓶的实验

▶ 创业思维与管理思维的异同

▶ 创业思维与不确定性和 VUCA 情境

▶ 人工智能思维的创新主张

▶ 人机协作的思维变革

第 五 讲

人工智能创新创业思维变革

中国风· · · 知行合一

"知行合一"是中国传统文化的重要命题，揭示了理论和实践的辩证关系，是认识论和方法论的统一。《大学》说："欲修其身者，先正其心；欲正其心者，先诚其意；欲诚其意者，先致其知，致知在格物。"思想家王阳明提出，认知要直达事物本质，万物一体的认知方式让他在现实中游刃有余、建功立业。在人工智能时代，知行合一依然是一种内生的源泉动力，为创新创业者提供思想营养，启发人们"格物穷理，知行合一，经世致用"，坚持问题导向，实现价值取向，追求实践方向。

人工智能时代，你可以不学习人工智能技术专业，但是不能忽视人工智能思维方式。人工智能也有知与行，通过机器学习采取智能行动；人机协同，也是人与机的知行协同；人工智能创业者整合新技术和新思想，让虚实的人与机、知与行在一体化中创造系统性价值，这更是对知行合一的硬核诠释。未来的超人工智能将具备自主思维意识，今天的我们是不是也需要进行思维变革，在知彼知己中行稳致远？

第一节　创业思维与管理思维

一、创业思维

（一）思维、认知与创业

思维方式是指思维系统中各要素相互作用、相互制约而产生的倾向性的思维结构形态或思维模式。认知模式是指人们依赖于以往的经验而形成的对特定事物相当稳定的看法和理解，不仅包括自身的知识结构，还包括人们运用相关知识思考问题的方式以及据此做出取舍的考量。人工智能时代的知识更新速度前所未有，人们需要学会在变化情境中进行跨界知识的迁移、修补、组合及重构来解决问题，这种学习离不开思维的管理，不再是简单地习得知识，还需要培养和塑造高水平的认知能力。

创业思维作为一种社会科学思维，以人本主义的价值观为本，与自然科学思维方式的技术中心主义价值观、形式与方法有所不同，但在科技创新时代，创业思维也有必要借鉴和吸收自然科学思维方式，通过思维共振对创业管理产生积极作用。总体而言，创业思维是一种行动导向的方法，体现了实用主义的哲学思想，认为新的投入（知识、信息、资源、网络和行动）会拓展人们对机会的认识，强调创业团队中所有成员的共同创造。

创业认知内容包括创业者所知道的、假定的、相信的事情，认知结构是关于创业者头脑中的内容如何安排、联结或研究。创业认知具有复杂性，因为创业者的认知语义空间包括多维度和多要素，而且创业者还需要在这些差别化内容基础上进行整合，加之创业认知具有社会属性，创业者需要辨别社会情境中的人和事以及人际关系方面的因素，通过把它们加以整合来增强对社会情境的理解或改变其行动意图。

人工智能时代的创业者依然需要艺术思维。艺术思维不仅能够提升想象能力、拓宽视野范围，还可以直接或间接地触动个体的感知，激发潜在的审美知觉和创意冲动，将创业激情和情感表达得更加细腻、丰富进而直抵人心。管理学家詹姆斯·马奇提出，有价值的思考向来是从美学观点出发，要重视想法是否有一种优美、雅致或耳目一新的特质，科学管理实际上是将真理、美、正义和学问融为一体。

（二）创业行动学习

从行动学习理论来看，创业团队由几个人组成一个行动学习集，共同解决创业实际存在的问题，获取与该问题相关的知识，在针对问题的学习过程中引发新的质疑和反思，从而得到更有深度和多样化的见解，并付诸有效的执行，因此，创业行动也可以概念化为"程序性知识＋质疑＋反思＋执行"的学习过程，行动是创业的基础，创业的结果要应用到行动中检验。

科技创新时代的创业急需技术行动。作为改造自然的行动，技术行动既有观念性的行动，也有物质性的行动。观念性的行动主要体现为设计，通过设计和构想，建构了具有潜在意义的可能性世界；物质性的行动则主要体现为创造，是设计在物质层面的实现，经由创作制造过程的检验和具体实施，设计的产物最终展现为人工物和技术系统。

纸上得来终觉浅，绝知此事要躬行。创业思维与创业行动合而为一，通过知行合一推动创业学习进程。创业者面对复杂动态的不确定性情境，没有标准化和规范化流程可以参考，只能在创业过程中通过不断地尝试、探索来理解和摆脱创业困境，纠正和完善已有的知识结构。创业学习是识别创业机会、争取外部创业资源支持、获取和提升关键创业能力的核心，能够极大地促进创业成功。创业学习过程包括直觉（intuiting）、编译（interpreting）、整合（integrating）和制度化（institutionalizing），即 4I 学习过程。直觉意味着创业者在回顾经验的过程中，以未来可能性为导向，凭借创造性的想象力搜索创业知识，识别市场空间和商业机会，获取更多隐性知识及专业技能，形成创业动机。编译主要指创业者通过语言或行动来解释自身洞察力或想法的有意识过程，主要包括形成认知图式、沟通互动、创业者与员工共享和知识显性化。整合则是指团队成员之间形成共同理解，并对创业知识进行共享和归集。制度化是组织发展和成熟的标志，指把创业知识和创业信息转化为新企业当中的产品、过程、组织流程、组织结构和组织战略的过程。

· 冷知识 ·

人工智能如何学习

机器学习。这被认为是计算机拥有智能的根本途径，目标是让机器像人一样去感知环境中的声音、图像等信息，在人工智能发展早期阶段占据重要地位。机器学习研究的主要任务是设计和开发可以智能地根据实际数据进行"学习"的算法，这些算法可以自动地挖掘隐藏在数据中的模式和规律。不过，早期机器学习在实际应用中也存在一些问题，例如，依赖领域专家的知识、需要人们手工设计和分类以及无法很好处理自然数据（无标签数据）等，这些问题的解决促成了机器学习的新分支——深度学习的研究。

深度学习。这是机器学习领域的一个相对年轻的研究方向，代表了以使用深层神经网络实现数据拟合的一类机器学习方法。深度学习通过模仿人脑，建立了一个深层神经网络，通过输入层输入数据，由低到高逐层提取特征，从而建立起低级特征到高级语义之间复杂的映射关系。常见的三种类型包括生成深层结构（学习观测数据高阶相关性或观测数据和关联类别之间的统计特征分布来实现模式分类）、判别深层结构（直接学习不同类别之间的区分表达能力来实现模式分类）以及混合深层结构（将生成模块和判别模块相结合而成）。

卷积神经网络。这又被称为 CNN（convolutional neural network），是深度学习的一个重要分支，在计算精度和速度方面比传统机器学习算法有明显优势，特别是在计算机视觉领域，成为解决图像分类、图像检索、目标检测以及图像和语义分割的主流模型。有报道称，谷歌 AlphaGo 在架构上拥有两个神经网络结构几乎相同的两个独立网络（大脑）——策略网络与评价网络，而这两个网络则是由 13 层卷积神经网络所构成。

二、创业思维与管理思维异同

（一）蜜蜂和苍蝇的小实验

创业思维的特点及其与管理思维的异同，可以通过一个经典小实验来认识。这个实验的出处虽然尚待考证，但并不影响实验带来的启发。实验过程大体如图 5-1 所示，一个敞口透明玻璃瓶里装着几只蜜蜂和苍蝇，瓶口对着昏暗的屋内，瓶底朝向明亮的屋外，问题来了：蜜蜂和苍蝇，谁先从瓶中飞出来？

图 5-1　蜜蜂和苍蝇的实验

资料来源：https://image.baidu.com.

据说实验的结果是：苍蝇。当然，我们可以在保护好小动物和人身安全的情况下，在现实中做一做这个实验，不过，很多人在没有看到真实实验过程的情况下，也依然会做出这样的判断：苍蝇会比蜜蜂先逃离玻璃瓶。

这个实验被用于分析诸多管理领域的问题。比如，关于管理的计划职能，目标明确的蜜蜂为什么不如盲目乱撞的苍蝇？是不是意味着计划赶不上变化？再如，管理与环境的关系，透明玻璃瓶、昏暗屋内和明亮屋外之间形成了怎样的环境？如果把瓶口朝向明亮的屋外，又会是谁先飞出来呢？

经典小实验还引发了关于创业问题的讨论。不少人在认同苍蝇会胜出蜜蜂的同时，发现苍蝇身上有不少创业特质。对此，可以用心理学家达维多夫的观点做一概括：没有创新精神的人永远都只能是一个执行者；只有敢为人先的人，才最有资格成为真正的先驱者。根据"达维多夫定律"，苍蝇颇具创新性，蜜蜂更像执行者。

（二）从管理思维到创业思维

比蜜蜂和苍蝇竞赛结果更值得挖掘的，是不同行动路线背后的思维方式。千差万别的行为表象背后的思维方式，往往具有一定的相通规律，特别是高度抽象的底层思维方式，尤其受到当前创业管理和教育的关注。关于创业思维的独特属性，最为经典的总结当属学者萨阿斯·萨阿斯瓦斯（Saras Sarasvathy）的研究发现，她对管理思维与创业思维的比较如表 5-1 所示。

表 5-1　管理思维与创业思维的比较

比较之处	管理思维	创业思维
前提	目标是事先设定的	只有某些资源是给定的
如何认识未来	未来是过去的延续，可以进行有效预测	未来是现在主动行动的偶然结果，行动会改变未来
行为逻辑	如果能更好地预测未来，我们就可以控制未来	如果能更好地控制未来，我们就没有必要预测未来
如何关注环境	专注于不确定未来环境中可预测的一面	专注于不确定未来环境中可控制的一面
决策标准	根据既定目标决策，依据预期回报选择资源	根据给定资源决策，通过资源整合设想和设计预期目标
行动路径选择	根据对既定目标的既定承诺来选择行动路径	选择当前路径是为了今后选择更好的路径，抓住机遇、适时变换
适用环境	在稳定的、线性的、独立的环境中更加适用	在动态的、非线性的、不断演化的环境中更加适用
行动结果	在现有市场中通过竞争扩大市场占有率	通过联盟与合作催生新市场

从表 5-1 可以看出，蜜蜂的行动路线更符合管理思维，苍蝇的行动路线更体现创业思维。借鉴萨阿斯瓦斯教授对思维背后两种逻辑的归纳，可做进一步总结：蜂型路线以目标为导向，代表了管理思维的因果逻辑（causation）；蝇型路线以手段为导向，代表了创业思维的效果逻辑（effectuation）。

基于上述认识，创业教育领域出现了不少对这两种思维方式进行比较的教学和培训游戏，引导受教育者领悟（知）并应用（行）创业思维。图 5-2 对一些常见的创业教学游戏做了比较：上侧的蜂型游戏，比如拼图游戏、数独游戏、飞叠杯游戏等，都有其清晰规则（目标明确），比的是谁更快达到目标；下侧的蝇型游戏，比如彩色布条做被子、乐高游戏、纸杯限时叠叠高等，只有大体要求（目标模糊），比的是谁更有创造力。

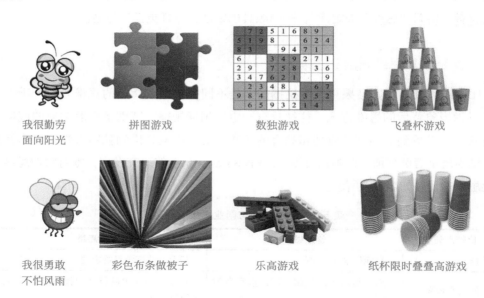

图 5-2　蜂型思维与蝇型思维（管理思维与创业思维）常见教学游戏

资料来源：https://image.baidu.com，文字说明以及比较设计来自编著者。

除了图 5-2 所示的一些游戏外，还有不少教学内容和方法都在比较这两类思维的异同，让学生通过知行合一的体验，意识到思维方式要避免单一，提升双元或多维的思维体系，从而有助于自己能像实验中的"苍蝇"一样从受困的瓶中飞出。

在真实的创业案例中，也不乏蝇型路线的创业思维的体现。全球"吸管大王"、浙江双童吸管创始人楼仲平在回顾自己的创业历程时曾感慨："说实在的，做吸管也是我'踩着西瓜皮，走到哪里、滑到哪里'顺势而作的选择。"踩西瓜皮、误打误撞等类似描述勾勒出的创业者身影，像极了"苍蝇"而不是"蜜蜂"。

第二节　创业思维的人工智能情境

一、情境嵌入与认知行为

（一）情境嵌入

人工智能时代的创业思维，到底更像蜜蜂还是苍蝇，还需要考察创业者主体与所处环境的交互关系。人工智能时代创业思维是否依然奏效，有必要重新审视管理思维与创业思维的内在联系，如果仅仅关注管理思维与创业思维的差异并过分强调创业思维优势，在人工智能时代可能会有失偏颇，因为环境的"玻璃瓶"不是静止的。

"玻璃瓶"是静止的还是动态？回答这个问题，除了关注思维载体（蜜蜂、苍蝇、人工智能）也就是行动主体本身，更需要关注环境。换言之，在管理思维、创业思维抑或人工智能思维之间做评判时，除了判断蜜蜂和苍蝇谁先飞出玻璃瓶、找到蜜蜂或苍蝇飞出玻璃瓶的成败之道，还不能忽略这个经典实验设置的情境——处于昏暗屋内和明亮屋外之间的透明玻璃瓶。

不少研究认为，外部环境并非脱离思维的存在，而是嵌入思维过程当中，或者说环境和思维是交会融合的一体。建构主义（constructivism）主张，正是人与周围环境相互作用的过程建构起了人对外部环境的知识，并使人的认知结构不断得到发展。给养理论（affordance theory）甚至从自然生态角度提出，"将人工界和自然界割裂开是错误的"，人的行为与环境关系具有共同的生态基础，行动主体的知觉形成是环境生态特征的直接产物，生物体与环境之间的关联性和互补性形成客观存在的互惠关系，并演化为具有动态性的构型和体系为人所直接感知。

把上述观点转换到这个实验当中，则意味着无论蜜蜂还是苍蝇，都在与玻璃瓶碰撞的过程中形成和改变着认知，玻璃瓶就在蜜蜂和苍蝇的思维系统和变化当中。自然科学家的研究也证明了蜜蜂和苍蝇的大脑，同样具有与人类上述思维过程类似的地方。来自澳大利亚墨尔本的研究人员发现，蜜蜂在从一朵花到另一朵花收集花粉和花蜜过程中，需要处理大量复杂信息，大脑中神经元之间很容易形成新的连接，这类"神经可塑性"使蜜蜂足够灵活地学习到新的技能。美国一家医学研究所则发现，苍蝇大脑内其实有类似哺乳动物辨识方向的细胞，而且这种"指南针"一样的大脑活动在黑暗中也同样存在。看来，蜜蜂并非那么"执拗"，苍蝇也不都是"无头"。

（二）认知行为

人和机器人在环境中的认知行为，可以按复杂程度由低到高分为：反射型感知行为、信息融合型感知行为、可学习的认知行为、自主的认知行为。反射型感知行为意味着人或机器人受到传感层面的激励而直接引发执行层面的响应，这种行为通常不需要知识记忆。信息融合型感知行为则需要短期的知识记忆，据此综合外部信息以得到情境印象。可学习的认知行为能够从当前信息与历史信息中提取知识，更新对环境的认知。自主的认知行为不仅依赖于接收到的刺激和历史经验，而且还会考量当前执行的任务与追求的目标，能够根据当前的任务，采用柔性行为去实施复杂的认知行动。

同样，人工智能时代的创业者认知行为要嵌入创业情境中，通过创业团队成员间的心智交互促进团队内部知识的组织、分配与加工，从而实现对创业特定任务的共同理解、团队专长知识分布的准确把握以及创业认知过程的监督和反思，以此促使创业团队作为一个协调的整体来完成创业任务。人工智能时代的创业者是在未知的技术创新环境中探索，情境认知意味着创业者需要重视思维变革，从认知理论与方法出发，在选择性关注机制下注意提升心理活动与智能行为质量，将对外部环境的感受和理解从片面的、离散的、被动的感知层次提高到全局的、关联的、主动性的认知层次上；参考人工智能系统与环境之间的交互关系，实现灵活、稳定、可靠的认知系统，建立一套适合于人工智能时代的创业情境认知方法。

人工智能技术发展的一个重要课题就是，让机器人真正在与环境的交互过程当中去学习新的概念，以促使机器人对客观世界产生深度理解。当前，人工智能逐步从依赖编程规则和逻辑的算法（比如 1997 年战胜国际象棋世界冠军的 IBM 深蓝）转向机器学习（比如近两年战胜围棋世界冠军李世石的谷歌 AlphaGo），而机器学习的算法仅包含少量规则，强调通过提取训练数据和反复训练进行学习，换言之，人工智能思维与蜂型路线和蝇型路线的思维一样，也可以通过与环境的融合来认识和学习客观事物。

二、不确定性与 VUCA 情境

（一）不确定性

关于创业情境的不确定性，由著名经济学家弗兰克·奈特在 20 世纪 20 年代提出，后来有人设计了一个经典游戏进行说明。游戏的规则是：如果你挑出一个红球，你就赢。在你面前，有三个瓶子：第一个瓶子里红球和绿球各一半；第二个瓶子里装有球，但不知道红球有多少个；第三个瓶子里连装着什么都不知道。你会选择哪个瓶子呢？根据奈特的主张，大部分人选择红球和绿球各一半的瓶子，而非概率分布未知的第三个瓶子。这一切看起来似乎显而易见。但是现在，问问你自己，你觉得"创业者会选择哪个瓶子"。研究者推测创业者可能倾向于选择概率分布未知的而不是概率分布已知的，因为创业者是冒险家，因而他们会选择第二个瓶子。

但是根据奈特的观点，所谓创业者就是那些在不确定的情况下创业的人，因此创业者将可能会选择第三个瓶子。创业中涉及的问题是多方面的，而且每个方面还可能变化无穷，这导致可以正确预测结果的可能性变得极低，更不用说解决问题了。我们用预测、风险、不确定性这三个概念来界定三个瓶子所代表的不同问题类型，表 5-2 对这三个概念之间的差异进行了比较。

表 5-2　预测、风险和不确定性的比较

	预测（已知的）	风险（未知的）	不确定性（不可知的）
基本描述	一个充满稳定的环境，未来事件可以基于过去的循环模式被决定	一个以一般趋势和局部方差为特点的环境，决策者试图将这些数据建模为提供有意义的决策信息的容差	一种不存在有助于决策者的历史数据的情况，不能被模型化或被预测，是一种不仅未知而且不可知的未来
关键之处	数据、经验	方差和可能性	专业知识、影响力和控制
怎样前进	提炼以前的努力，力争制订完美的计划	稳定性、预案——基于情境的计划	共同创造，可承担的损失
如何应对意外情况	质量检查（一定是自己的错）	预测风暴，努力按原计划进行	拥抱意外事件并重新思考；它提供了新的机会
衡量成功	对比现实状况和计划，执行	对比现实状况和计划，接近愿景，把风险控制在一定范围内	看重新奇和原创；我们是否在别的地方更有潜力

（二）VUCA

VUCA 概念源起于 20 世纪 90 年代初"冷战"后的美国军事研究领域，用来帮助政策制定者在面向以无章可循的未知因素为特征的实施环境时进行计划与准备。后来这一概念被用于商业管理领域，用以表述企业所处的一种包括流动性（volatile）、不确定性（uncertain）、复杂性（complex）、模糊性（ambiguous）为基本特征的外在环境或状态之中，VUCA 情境的事件特征、示例和应对方法见表 5-3。

人工智能时代充满 VUCA 的情境特征。人工智能新技术带来的往往不是线性的、机械的狭义技术问题，而是范围更广泛、内容更复杂的技术社会系统问题。这类问题通常存在如下特点：问题的认知欠缺共识且随时间不断演化；问题具有较高的技术复杂度且解决方案无先例可循；问题参与者众多且多元，往往拥有不同的价值、利益、知识或经验；问题解决过程充满争议且难以确定具体起止点，通过团队行动进行学习并依据情境不断演化。

表 5-3　VUCA 情境的事件特征、示例与应对方法

		复杂性（C）	流动性（V）
对于行为结果的预测程度	高	➤ 特征：事件由许多相互关联的部分和变量构成。部分信息是可得的或可预测的，但因信息数量过大或信息性质以至于无法处理 ➤ 示例：当实施的政策战略涉及多领域、多部门时，每个领域和部门都有自己的规则、价值和操作程序 ➤ 应对方法：培养或发展专业知识和资源，重塑组织结构	➤ 特征：挑战是意外或不稳定的，可能持续时间未知，但不一定难以理解；通常知识是可获得的 ➤ 示例：必须应对阻碍公共服务递送并可能危及公民的破坏性事件、灾难或危机 ➤ 应对方法：安排事件的缓冲阶段，并将资源用于恢复与准备，例如，库存清单编纂或人才储备
		模糊性（A）	不确定性（U）
	低	➤ 特征：因果关系完全不清楚、没有先例，面对许多未知因素 ➤ 示例：推广应用一种颠覆式的且未经测试的新技术，以影响医疗保健环境中的客户行为 ➤ 应对方法：了解因果关系需要设置假设并对其进行测试；设计实验，以便更广泛地学习	➤ 特征：尽管缺乏一些重要信息，但已知基本的因果关系；变化是可能的，但不是确定的 ➤ 示例：意外发生的政治转型改变了过去两年中一直在努力的政策和计划项目的前景 ➤ 应对方法：投资信息和情景构建能力；搜集、解释和共享信息；与结构性变化相结合，从而减少持续的不确定性
		低	高
		对于事件所处情境的了解程度	

· 软思想 ·

人工智能为何易解困难问题、难解简单问题

认知语言学家史蒂芬·平克曾做出这样的判断：人工智能学者经过数十年研究所发现的一个最重要的问题恐怕是：困难的问题是易解的，简单的问题却是难解的。20 世纪 80 年代就有学者提出"莫拉维克悖论"（Moravec's paradox）现象：机器依据程序控制的符号规则做复杂的推理、计算等高级智力活动，消耗的计算资源相对要少；而让机器在环境中具有较强的感知和行为能力，却需要消耗更多的资源。换言之，传统人工智能更多关注借助纯粹抽象符号进行计算和推理功能的机器实现，而忽视了机器在环境中的感知和行动能力的研究，因此人们会发现机器在与外部世界打交道时，其行为能力还不及两岁儿童。

布鲁克斯首次提出人工智能"物理落地假设"：如果人工智能拥有与动态的外部世界直接发生关系的物理结构，那么智能行为一定是基于情境的人工智能体和外部环境的涉身性互动，符号表征是完全不必要的，因为"世界本身就是最好的表征"。由此可见，当前人工智能尽管在诸多方面取得巨大成就，但至今仍未实现类人心智和机器意识的原因之一在于，仍待基于情境的互动从而让情感落地。

第三节　人工智能思维的创新主张

以蜜蜂和苍蝇的小实验为例，如果玻璃瓶所代表的情境从传统技术时代变为人工智能时代，那么能够率先飞出瓶子的还会是苍蝇吗？换言之，人工智能时代的创业思维是否因情境变化也需要创新变革？为此，可以从人工智能的"三驾马车"和人机协同的"一体系统"来看创新创业思维的变革。

一、从人工智能"三驾马车"看创新创业思维变革

（一）因果逻辑仍需关注

虽然创业的效果逻辑受到广泛关注和认可，但是从人工智能"三驾马车"之一的"算法"视角来看，因果逻辑是人工智能的叙事哲学，这就提醒创新创业思维要避免唯效果逻辑，仍要高度关注因果逻辑。图灵奖得主、贝叶斯网络之父朱迪亚·珀尔（Judea Pearl）认为，人的根本能力是因果推断能力，强人工智能就是让机器人具有因果推断能力。他让大规模定量表示不确定事件发生的可能性以及这些可能状态之间的关系成为可能，这被作为当前各种人工智能应用的建模规范，使机器成为不确定性推理的工具。珀尔教授提出，当前人工智能对不确定性的预测和诊断，属于曲线拟合，而未来应更加关注因果论的应用以及如何找到固有因果问题的答案，这不该被科学所抛弃。

这就意味着人工智能算法，有可能让创业情境的不确定性从不可知变为透明可量化，让所谓的 VUCA 环境成为由 X 与 Y 之间因果关系构建的结构化模型。因此，人工智能思维启发创新创业者，思维变革既要重视基于实际发生事物的规则推理，也要关注基于不存在事物的推理，后者是理解因果推断能力的关键即一种反事实思维方式。如果说规则推理（符号主义）是一种演绎推理，概率推理（贝叶斯网络）是一种归纳推理，那么因果推理就是结合演绎和归纳的一种更加符合人类实际推理的方式。

（二）最优决策不容忽视

虽然创业决策具有有限理性特征，创业者中有不少认为完成比完美重要，创业行动往往不停迭代而非一步到位，但是从人工智能"三驾马车"之一的"算料（数据）"视角来看，人工智能决策指向预测优化，提醒创新创业思维避免囿于满意，而要勇于争优。人工智能拥有和处理海量数据的能力让人类望尘莫及，这就使精准预测成为可能并不断变为现实。目前，通过人工智能实现成功预测的领域包括营销、人力资源、市场变化、自然灾害、竞争性反应、政治形势等诸多方面，甚至有报道称，斯坦福大学研究团队研发的一种预测患者死亡时间的人工智能，准确率高达 90%。

　　这就不难理解为什么一些创业者会认为计划经济将变得强大，提出因为数据的获取能让市场这只无形的手变得有形可见。虽然这一观点受到经济学家质疑，但是不少创业者或企业都在借助人工智能实现预测优化，从而揭开"未来世界"的神秘面纱。随着人工智能的发展，社会科学领域的建模路径从基于数据变量走向基于主体对象，前者关注社会系统要素之间的互动和反馈，以发现规律和实现可预测性为目标；后者主张复杂系统思维，以"问题导向"为趋向动态理解社会系统的生成和演化机制。

· 热应用 ·

改变商业世界的智能决策

　　有别于感知智能，决策智能主要基于对不确定环境的探索，需要不断获取环境信息和自身的状态，从而来进行自主决策，并使得由环境反馈的收益达到最大。决策智能带有强烈的行为主义色彩，同时又吸收了符号主义和连接主义的精华，涉及计算机、控制、数学、认知心理学、神经科学等诸多学科。

　　人工智能时代的每一个商业场景，充斥着大量的服务决策需求，而且具有海量化的决策量级和实时性的决策时限等特征，这就使得传统人力决策方式根本无法满足人工智能时代的商业决策新需求。在此背景下，智能决策作为新的决策手段诞生并得以广泛应用。以网民狂欢的"双11"为例，虽然看上去是"用户主动"在购物网站上通过关键词搜索感兴趣的商品，但这些行为的背后，包括用户第一眼看到什么、第一次点击之后还能看到什么，类似这样的决策其实都是"机器自主"完成的，实际上，用户看到的一切都是通过数据智能算法自动形成的，不存在人为干预，而且对机器而言轻而易举。

　　不过，人工智能也不是一蹴而就的。网易云音乐的个性化推荐被用户评价很高，甚至被喻为"比男、女朋友更懂自己"，如何做到这点？网易云音乐CTO曾介绍，这其中牵涉到歌曲建模、排序算法、基础推荐算法、用户建模、反馈机制等诸多复杂且实时的工作，而且需要根据用户反馈不断调整和优化，才能获得最优解。

（三）资源优势依旧关键

　　虽然资源约束被视为创业的前提条件，而且资源劣势被一些创业者视为好事而非坏事，但是从人工智能"三驾马车"之一的"算力"视角来看，人工智能算力重视资源优势，启发创新创业者除了拼凑手边资源和整合外部资源，也可以构建拥有雄厚资源的高地。人工智能算法模型和海量数据的运行，离不开强大算力的支撑，对此可以从一项有意思的研究中窥见端倪。美国马萨诸塞大学研究人员艾玛·斯特贝尔（Emma Strubell）及其小伙伴，分析了许多优秀人工智能模型的碳排放，并与人类日常生活的碳足迹做了对比，发现训练一只自然语言处理模型 Transformer 的碳排放，相当于坐飞机在旧金山和纽约之间往返 200 次。虽然这个实验结果的严谨性还值得再探讨，但反映出人工智能出色算法和巨大算料离不开强大硬件资源的保障，据说战胜李世石的 AlphaGo 就使用了 1 920 个 CPU 和 280 个 GPU。

芯片被誉为人工智能的算力之心，如果芯片出现资源约束，可能难以通过"借外力"转危为安，却很有可能因"卡脖子"而命悬一线。过去数十年全球算力基本以 CPU 一家独大，但在人工智能时代，随着半导体工艺制程逼近极限，CPU 算力增长渐趋平缓、陷入瓶颈，科学家和企业家都在寻找高效且低成本芯片的研制。其中，CPU 和 GPU 仍属于通用芯片，依据冯·诺依曼结构设计，能够胜任大多数通用计算场景；而 FPGA 和 ASIC 作为专用芯片，没有指令集且无须共享内存，直接以并行和流水线方式处理数据，不但速度快，而且功耗低得惊人。以中国新基建为例，5G、特高压、高铁、充电桩和工业互联网等诸多领域都需要强大算力的支撑，离不开中国芯片提供自主性、多样性和持续性的澎湃动力。

· 硬科技 ·

集成电路：从实现电路小型化到体现学科交叉化

2020 年 12 月 30 日，国务院学位委员会、教育部正式发布关于设置"交叉学科"门类、"集成电路科学与工程"和"国家安全学"一级学科的通知，集成电路专业正式被设为一级学科，设于我国新设的第 14 个学科门类——交叉学科门类之下。国务院学位委员会办公室负责人在接受媒体采访时表示，这两个学科的研究对象具有特殊性，在理论和方法上涉及的现有一级学科较多，显示出多学科综合与交叉的突出特点，经专家充分论证，设置在交叉学科门类下。

伴随智能手机、移动互联网、云计算、大数据和移动通信的应用和普及，集成电路已经从最初的单纯实现电路小型化的技术方法，演变为当今时代所有信息技术产业的核心，成为国家经济和社会发展的支撑技术，发展为保障国家安全的战略性、基础性和先导性产业，演变为实现科技强国和产业强国的关键标志。

不过，需要正视的现实是，我国集成电路产业的整体技术水平并不高，核心产品创新能力不强，产品在总体层面仍处于中低端层次，这些问题的存在催生了"集成电路科学与工程"一级学科的设立，在此基础上构建支撑集成电路产业高速发展的创新人才培养体系，从数量上和质量上培养出满足产业发展急需的创新型人才，为从根本上解决制约我国集成电路产业发展的"卡脖子"问题提供坚实有力的人才支撑。

从以上算法、算料、算力视角的分析来看，人工智能思维高度关注因果逻辑、始终重视最优决策、明确强调资源优势，这些都在影响甚至挑战创业思维所侧重的效果逻辑：关注效果逻辑的手段而非目标导向、重视对当下的控制而非对未来的预测、强调资源约束是机会而非警示……那么，这就为蜜蜂和苍蝇小实验带来了新问题：人工智能思维是否意味着蜂型路线代表的管理思维要优于蝇型路线代表的创业思维？为此，可以用图 5-3 进一步示意：如果对照表 5-1 回答图 5-3 中间的问题，在人工智能时代，率先飞出"玻璃瓶"情境的行动者，是否依旧是苍蝇？如果答案是否定的，蜜蜂的胜出是否又意味着人工智能时代的创业思维式微了呢？

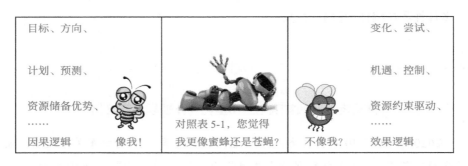

图 5-3　人工智能思维是蜂型路线还是蝇型路线

二、从人机协作"一体系统"看创新创业思维变革

（一）"人类中心主义"思维结构的消解

无论是个体的人还是处于某个群体中的人，总是有意或无意地将"自我"与"他者"相区分，这里的"他者"既可以包括自然，也可以包括人。这种区分的延伸就可能形成一种以"自我"为"中心"、以"他者"为"边缘"的思维模式。"中心－边缘"结构常见于国际关系、区域发展、人际交往和组织管理等具体现实领域，但是如果以一种隐性思维模式存在于人类大脑中，却有可能影响人类看待和对待人与人、人与自

然的关系，包括人与人工智能的关系。

"人类中心主义"的基本认识之一就在于"人是宇宙的中心"。在早期农业社会，面对神秘的自然界，人类更多的是对自然的恐惧和敬仰，思想命题着眼于"认识"世界。伴随经济社会的快速发展，特别是科学技术的巨大进步，人类认识更具理性、工具性和目的性，思想命题侧重于"改造"世界，而且日益强调人类自己的中心地位，不断将其他生物和非生物构成边缘化。这种"人类中心主义"的"中心－边缘"观念在工业社会有某种合理性和重要性，但也导致了诸多生态和社会问题，比如人与自然关系的不和谐（包括环境污染和自然灾害等）以及人与人关系的不和谐（包括种族歧视和阶层冲突等），逐渐成为众多学科批判与反思的对象。

自后工业化进程开始以来，关于自我与他者关系的认识，出现了去中心化的转向，"中心－边缘"的不平等思维结构开始出现消解。例如，"人类中心主义"开始转向"生态系统观念"的思维模式，后者不只是简单地削弱"中心"的功能、赋予"边缘"的权力，而是建构了一种二者动态协同的整体观念，不再固守中心与边缘的划分方式。需要说明的是，"中心－边缘"结构的消解并不是自发过程，而是需要人们主动去破解类似"人类中心主义"这样不平等的思维模式。

这种思维变革在人工智能时代也同样重要。认识人与人工智能的关系，如果还是沿袭"中心－边缘"的二元对立认识，那么人与人工智能之间并非平等的对立，而是一方控制另一方的等级对立。解构主义认为，消解"中心－边缘"结构并非消除二者的差异，而是要打破二者之间的不平等。如果只是通过交换中心与边缘的位置，比如旧的边缘占据中心、旧的中心被边缘化，依然还是在鼓励一种斗争观念，这种斗争观念在本质上仍然属于二元对立的思维，斗争的结果之一将是两败俱伤。因此，如何破解人与人工智能的不平等结构，需要想象力和创造力，同样也需要继续怀着对自然和生命的肯定和敬畏去思考。

那么，人工智能时代的创新创业者，除了兼顾管理思维与创业思维，如何拥抱人工智能带来的思维变革呢？马克斯·韦伯在《新教伦理和资本主义精神》中提到，理性秩序可能成为禁锢的铁笼。因此，如果认知思维不打开，本章经典小实验中的玻璃瓶就可能成为牢不可破的囚笼，束缚蜜蜂和苍蝇的行动。一些创业者对此已经做出了响应。李彦宏认为，互联网思维呈现的数据是基于抽样的思维，当前已经过时并亟待调整到人工智能思维，后者体现的是全部数据化。马化腾虽然承认现阶段人工智能还圈定在比较窄的领域，但是关于下一步实现的通用人工智能能否超越当前的碳基（指以碳元素为有机物质基础，地球上已知的所有生物都是碳基生物）智慧、超越人类现在发现的知识，他的回答是：有可能。还有企业家则将人工智能思维看作认识外部世界、认识未来世界、认识人类自身和重新定义人类自身的一种思维方式。

（二）人机协作"一体系统"的构建

人机协作是变革方向，有助于思维冲出"铁笼"、行动大胆探索。人机协作不仅能提高传统产业生产效率，更能通过创造新产业解放生产力。人工智能独角兽公司商汤科技创始人汤晓鸥认为，"并不存在 AI 这个行业，只有 AI+ 这个行业。AI 需要与传统产业合作，这种关系是结合、赋能，而绝不是颠覆"。教育领域也已尝试进行人工智能与教师的协作。比如，人工智能不仅可以替代教师完成批改作业等日常工作，把教师从重复性、机械性的事务中解放出来，而且还可以成为教师工作的组成部分，通过人机协作完成以前无法完成的智慧性工作，包括因人而异的个性化智能教学和推荐以及精准的互动伙伴等。这样看来，蜜蜂和苍蝇的经典实验也可以有图 5-4 所示的智能 + 版本，而且本章图 5-2 的传统教学游戏，也都可以引入人机协作理念进行智能 + 的设计。

图 5-4　经典小实验的智能 + 版本

人机协作意味着把人与人工智能视为"一体系统"，将人工智能嵌入到人类的生存、认知和学习全过程，影响着我们认识世界和改造世界的能力。人机协作使知识生产实现了从个体到群体、从精英话语到群智联结，知识生产主体日趋开放和紧密相容，最终实现人与人工智能技术的协同进化。人工智能与人一样，不但可以参与知识生产，也同样可以自主思考、计划、创造知识。

人机协作"一体系统"的思维模式，亟待创新创业教育跟进，尤其在思维培养和塑造环节，有必要借鉴和吸收人工智能思维方式，让学习者体验并进一步探索人工智能思维的深刻意义和长远价值。2019 年 5 月 24 日发布的《中国新一代人工智能发展报告2019》发现，人工智能正在由学术界驱动转向学术界和产业界共同驱动，有必要加速人工智能高水平人才成长，形成多层次人工智能人才培养体系。这也需要创业思维与人工智能思维共同驱动，通过智能+创业思维实现思维的高水平和多层次。

人机协同视域下智能学习的构成要素及其本质属性上的变革，必然导致智能学习的表征形态与传统学习之间存在本质区别：①物理形态的多元性与无边界性，如自主学习、合作学习、探究学习以及全方位、全覆盖和全时性的学习形态；②实施形态的创新性与混合性，如重视情景创设、分析问题、解决问题和创新；③方法形态的个性化与虚实结合，例如问题导向式学习（problem based learning）方法和自我导向式学习（self-directed learning）方法，以促进高阶思维发展，在寻求解决策略的同时又推动学习反思。

再大胆设想一下，人机协作可以创业吗？如果创业团队有了人工智能作为小伙伴，创业者的创业之路会有什么不一样呢？不妨尝试把人工智能融入创业想法生成、机会开发、团队组建、资源整合、商业模式设计和新企业成长等创业活动中进行思考，感受不同思维之间的碰撞，即便碰壁也是学习过程，这也是蜜蜂和苍蝇冲出玻璃瓶实验的启示之一：人机协作冲出"玻璃瓶"的禁锢，"物物而不物于物"，用人工智能思维为创业思维和行动赋能。

最新研究表明，人工智能有助于赋能创业，意味着创业者可以积极利用或协同人工智能进行创业机会利用与开发的过程。人工智能赋能创业不仅催生了全新的创业实践问题，也从根本上挑战了经典创业理论。人工智能正在影响创业意愿、创业机会、创业团队和商业模式，基于人机协同，通用人工智能将会自动实现包括创业偏好、创业资源、创业团队和商业模式在内的创业要素一体化。此时，通用人工智能不仅是创业工具，更是创业伙伴，可以加速创业进程并提升创业质量。但是，人工智能也可能带来潜在的破坏，因此有必要引入规制护栏加以防范，推进并拓展人工智能在创业理论和实践中的运用。

蜜蜂和苍蝇的思维方式和行动路线带给创新创业的启发不会停止，因为"玻璃瓶"的情境充满不确定性，人工智能时代创新创业思维尤其要积极拥抱变革。科学家的新近研究发现，单个蜜蜂大脑比起人类简单许多，但整个蜂群就像一个完整甚至超级的有机整体，每只蜜蜂的作用就像人脑中的神经元，通过自主互动促使超级有机体做出集体反应，这也形象地体现了"智能+创业"的整合思维结构。同时，还有个关于苍蝇的经典故事。天才数学家兼哲学家笛卡尔少年时有天躺在床上，看见苍蝇嗡嗡乱飞，爱思考的他把赶走苍蝇的想法和行动变成了一个数学问题：如何给这只苍蝇精确定位呢？由此诞生了人类宝贵的数学遗产——直角坐标系。而数学思维正是人工智能思维的底层之一，可见人工智能发展其实也离不开人类思维赋能，人工智能应与也必将能与创新创业积极共振。

| 他山石 |

法国的人工智能与人文素养

面对第四次工业革命与人工智能的科技创新浪潮，法国是否还能继续保持老牌"理工强国"与"人文劲旅"的双重优势？学者研究表明，法国以统筹人工智能与人文素养的姿态，正在积极争取引领人工智能时代的创新大势。例如，法国教育界在全球人工智能领域反应迅速、行动有力，而且对于传统价值与人文精神的联系，仍保持清晰、审慎的认识，始终强调保障学生形成善辨是非的信息伦理与媒体素养，提醒抵御技术狂飙突进可能带来的负面冲击。

2018年3月，法国总统马克龙在法兰西学院的演说主题为《人类的人工智能》，认为对于"人之所以为人"的精准定义与宽广认知，在相当程度上决定了人工智能发展的深度与高度。法国建立人工智能跨学科研究中心，盘活数据科学与人文社会科学的双重优势，坚持理工素养与人文素养兼顾的教育传统，以期对其人工智能人才综合素养产生积极影响。借用法国哲学家、数学家、物理学家笛卡尔的名言"我思故我在"的字面含义，人工智能创新创业者的思与行合一，思想和行动永不停歇、一直在路上。

思考讨论

问题解决与思维习惯

迄今唯一同时获得图灵奖和诺贝尔经济学奖的科学天才赫伯特·西蒙，在《认知》一书中，介绍了包含注意力和记忆等在内人的认知结构，分析了人们思维过程中问题解决的途径和策略，比较了专家和普通人对于复杂问题的不同心理表征和应对方式，提炼出学习的基本原理和过程，并说明如何探索发现新规律。这本书启示创新创业者不仅要关心问题的解决结果，而且要关心解决问题的方法，不同的方法意味着不同的知觉和记忆、不同的技能和策略。

请阅读此书，特别是有关高效学习和思维过程的相关内容，谈谈你是否认同西蒙的观点"有的问题的困难不在于问题本身，而在于人们的思维习惯"。请结合当前人工智能时代背景，通过分析个人的创新创业经历或他人的创新创业案例进行说明。

■ 本讲概要

▶ 商业模式的内涵与画布

▶ 商业模式与设计思维

▶ 商业模式创新与人工智能技术创新

▶ 人工智能商业模式的"颜值"与"实力"

▶ 人工智能商业模式设计与创新误区

第 六 讲

人工智能商业模式设计创新

中国风··· 循环图式

把循环当成解释世界的认知图式,这是早期中国的说理思维之一,并被视为中国古人缔造世界观的基本策略。哲学学者认为,中国文化中的循环图式提供了一种将世界整体化的策略,即视万物为一体;也提供了一种将世界规律化的策略,即视变化为重演。而且,循环图式从认知到行动的转化,引发出更具一体化与周期化的行动路线,成为中国人探索未知世界的优势策略。

人工智能不只是发展演进的新技术,更是复杂、立体的新模式,中国人工智能创新创业者在商业模式打造中,是否会因循环图式的传统而更具优势呢?有学者认为,中国人工智能基础研究和核心技术落后于美国,但是在技术应用和商业模式方面快于美国,因此两国各有优势。但是也有人提出,在人工智能时代,模式创新的风口已经过去,技术创新才是常青的机遇。那么,人工智能创新创业该如何认识和处理好商业模式与技术创新的关系呢?

第一节 商业模式设计

一、商业模式

（一）商业模式的内涵

关于什么是商业模式，理论界和实践界众说纷纭。有的将其视为商业计划书般的框架，包罗创业诸要素，甚至像一个筐，什么都往里装；有的将其看作盈利模式，关注的是现金流，甚至有种"模式不赚钱等于耍流氓"的认识；而当前更多的人则将其核心聚焦于价值，由此，商业模式与价值链、价值网、价值圈甚至价值生态系统有了密不可分的关联。不论商业模式是框（或筐）、流、链、网、圈抑或生态系统，这些观点都反映出商业模式是一套逻辑，内部包含要素，外部呈现结构，而且能够动态变化。

商业模式一词出现于学术期刊是在 20 世纪 60 年代，由于信息技术的迅猛发展而在 20 世纪 90 年代开始广受关注，其概念内涵也因文献的丰富而不断拓展。关于商业模式的界定视角，依据从具体到抽象的维度主要可归纳为四类：一是从现象视角入手，提炼现实世界具体的商业模式，尤其是例证和分析具有独特性的商业模式；二是从活动视角入手，将企业层面管理活动的集合视为商业模式，从中提炼独特商业模式活动集合的要素、特点和实现方式；三是从认知视角入手，在逻辑和机制层面挖掘商业模式概念本质（如包含要素及其彼此关系和架构），通过认知解构以构建和发展商业模式的独特理论；四是从行动视角入手，将商业模式视为一种人工器物，研究其在企业具体实践中的角色与功能（如对绩效的影响）。

近年来，随着人工智能为代表的新兴技术广泛应用，商业模式的重要地位不再局限在商业领域，而是体现在更广阔的社会发展领域。这是由于新兴技术引发的商业模式创新，虽然能够快速实现新兴技术或核心产品的商业化并为企业带来巨大经济价值，但是也引发了许多新的社会问题，对社会公众利益、社会秩序甚至社会进步造成损害，结果是这些新型商业模式的合法性受到严重质疑，反过来影响新型商业模式的价值创造潜能，使商业模式的可持续性面临巨大挑战。因此，人们开始反思传统的商业模式创新，并逐步转向基于可持续发展理念与负责任创新导向下的可持续性商业模式创新。

· 硬科技 ·

落地商业场景的人工智能技术

商汤智能产业研究院曾梳理了人工智能在 2020 年的"十大商业落地场景"——

- 抗疫防洪：疫情肆虐，洪水泛滥，人工智能，用武之地。
- 视觉 AI"新基建"：人工智能正在变得基础设施化，基础设施也在变得人工智能化。
- 能源革命："碳达峰"和"碳中和"为人工智能＋能源革命提出新的场景。
- 未来汽车：一个电动化、智能化、网联化、共享化的汽车新时代正在走来。
- 科技创新：事关国计民生的关键技术必须掌握在自己手中，否则就会被别人"卡脖子"。
- 地摊经济：智能时代需要用全新的手段重现人间烟火。
- 诗与远方：5G、人工智能、大数据、AR/VR、高清视频等技术加持文旅产业智慧化发展。
- 美好生活：从智能家居到智慧社区再到公共服务设施和空间的智能化，向人们传递人工智能温度、创造美好生活体验。
- 病有所医：疫情不仅催生"互联网＋"医疗服务需求，也推动了传统医疗卫生体系智能化转型。
- 科媒融合：智能技术应用将贯穿内容生产、分发、消费和服务的全流程，推动娱乐和传媒产业发生颠覆性变革。

（二）商业模式画布

20 世纪最重要的哲学家之一路德维希·维特根斯坦在《逻辑哲学论》一书中提道：事态的存在是事实，事实形成了逻辑图像，而这个图像就是思想。参照这个判断，商业模式作为一套逻辑，其逻辑事实应该非价值莫属，那么，基于价值事实而形成的商业模式逻辑图像是什么形式？这个图像所反映的思想又是什么呢？本讲借鉴商业模式领域被广泛应用的商业模式画布（business model canvas，BMC）（见图 6-1）进行分析。

重要伙伴 key partnership， KP	关键业务 key activities，KA	价值主张 value propositions，VP	客户关系 customer relationship，CR	客户细分 customer segments，CS
重要伙伴 key partnership， KP	核心要素 key resources，KR	价值主张 value propositions，VP	客户渠道 customer channels，CH	客户细分 customer segments，CS
成本结构 cost structure，CS			收入来源 revenue streams，RS	

图 6-1　商业模式画布示意

　　商业模式画布由亚历山大·奥斯特瓦德等人提出，用画布（也称为九宫格）形式展示商业模式的思想，成为一种用来描述商业模式、可视化商业模式、评估商业模式以及改变商业模式的通用语言。说到语言，又有必要提及上文介绍的哲学家维特根斯坦，他作为语言哲学的先驱，认为语言有着与世界相同的逻辑构造，是世界的图式。遵循这些思路，商业模式画布作为一种通用语言，反映了由价值事实支撑的逻辑，是商业模式价值逻辑的图像。

　　但图像不能只为了形象，更需要传递出思想。那么，从难以轻松记忆的商业模式画布九宫格背后，可以看出什么生动规律和深藏的脉络呢？继续从图 6-1 找启发。不难发现，左上角三个区域（重要伙伴 KP、关键业务 KA、核心要素 KR，3K 区域）都朝向创业活动的内部，右上角三个区域（客户细分 CS、客户关系 CR、客户渠道 CH，3C 区域）都朝向创业活动的外部，左下角区域（成本结构 CS）期望的方向是下行趋势，右下角区域（收入来源 RS）期望的方向是上扬趋势，而中间区域（价值主张 VP）不偏不倚位于画布核心。

　　通过上述提炼，一张脸的轮廓逐渐浮现出来（见图 6-2）：3K 区域像脸的右眼，看着创业内部的组织头绪；3C 区域像脸的左眼，看着外面的客户世界；下行的 CS 和上扬的 RS 连起来形成的曲线，像脸上微笑的嘴角，想必看到盈利的创业者也会有这样的嘴型；而正中央的 VP 像极了脸的鼻子，价值主张的坚定明确与鼻梁的坚挺鲜明异曲同工；那么，联结并联动鼻子、眼睛和嘴唇的筋，正是商业模式的本质事实，即价值。

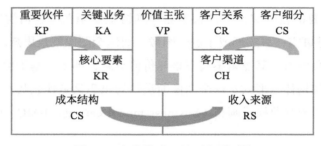

图 6-2　商业模式：从画布到画脸

　　如此看来，脸可以视为商业模式价值逻辑的一种新图像，而创业者对商业模式的设计和创新，与画家画脸就有了相通之处。在创业最初或转型节点，不少企业的商业模式都是诞生于创业者在餐巾纸上的涂鸦，价值逻辑的呈现不只可以通过吸引人的故事，还可以通过艺术性的线条。所以，创业者也有必要向画家学习画脸之道，以便画好商业模式这张脸，让商业模式也有高"颜值"。

· 软思想 ·

先前图式

　　先前图式的概念来自社会心理学，是指保存于记忆中的有关刺激物概念和类型的知识结构，包括刺激物属性和属性之间的关系两部分内容，据此个体可解读信息并做出决策。认知视角的商业模式设计研究，注意到了先前图式的价值，不过多数研究还只是将其视作理所当然的存在而未能加以深入分析。近年来，越来越多的学者受到管理与组织认知研究的影响，开始关注商业模式设计者的先前图式及其属性特征等问题。

　　先前图式分为一般性图式和特殊性图式。一般性图式形成于创业活动目标行业内主导商业模式的经验积累之上，不过，如果创业者并非来自创业活动目标行业，则意味着他们往往并不了解该行业的主导商业模式，并且自身拥有的商业模式经验也很难被行业内个体及组织了解与分享。在这种情况下，行业外创业者所积累的商业模式经验具有个体专有性特征，并且随着该创业者所接触的行业种类增多会进一步呈现出多样性特征，这些经验的结构化组合会形成与一般性图式截然相反的先前图式，即特殊性图式。

二、商业模式设计

（一）设计思维的内涵

　　设计思维（design thinking）的定义具有多种理论阐述视角。从主体视角看，是指设计师解决问题的认知方式，作为理解设计实践任务的工具，能为非设计师提供灵感来源。从学科视角看，是关于设计活动的一般性理论，反映了一种以人为本、具备普适性的跨学科、跨领域的方法论。从管理视角看，是企业创新的组织资源，专注于解决复杂、棘手问题，以多种方式激发创新思维。

　　设计思维有助于增加对结构内部运作规律及其与外部环境互动特点的理解，通过处理跨领域、多层次、高阶性问题来创造更多、更好的价值。20 世纪 60 年代是设计思维和认知科学发展的重要阶段，学者们创建跨学科设计团队来解决系统故障，将科学原理有效应用于整体的环境设计，提出设计是一种思维方式，关注创造新事物、解决多学科棘手问题。同时，强调设计思维以人为中心的创新方式，比较有代表性的是 20 世纪 80 年代开始，斯坦福大学引入设计思维解决商业管理领域问题。IDEO 公司认为，设计思维是一种平衡可行性、耐用性及可取性的方法论，是以多学科团队合作为基础进行的以人为本的全方位创新。

设计思维在商业领域找到了立足点，用设计思维获得创造力已成为商业组织成功的关键因素。历届设计思维研讨会 DTRS 探讨了广泛社会背景下的设计研究，关注研究过程中的活动与外部发生的结果，研究设计思维在商业、工业、教育、社会服务等领域的作用及实际应用方法和策略。随着设计思维的广泛应用，其方法也不断优化，例如，"灵感→构思→实施"模型、"移情和深刻的人类理解→概念可视化→战略性商业设计"齿轮法、"Say → Do → Make"三步骤、"观察→综合→产生→提炼→实施"五阶段及商业模式画布等可视化工具。

（二）商业模式设计

商业模式是设计出来的。较早的关于商业模式设计的研究基于要素视角，重在归纳并识别商业模式的基本组成要素模块，认为商业模式设计就是为这些模块添加内容的过程。该视角试图提供设计商业模式的模板化工具，但是陷入了多元主义困境，学者们纷纷尝试提出自己的观点，导致学术界无法就要素模块这一商业模式设计基础达成一致，并且过于关注组成要素也淡化了商业模式是一种系统化结构的本质，使得研究难以从整体上对不同行业、不同企业商业模式所展现出的差异性特征做出有效解释。

商业模式设计主题不仅能够描绘企业与外部其他企业的交易活动，而且能够呈现商业模式的总体形态，设计元素刻画了商业模式作为一个活动系统包括了哪些活动（内容）、活动间如何连接与协调（结构）以及活动由谁来执行（治理）。

追求差异性是商业模式设计的初衷，这能够为企业带来难以模仿的持久竞争优势，差异性通常并非源自组成要素本身，而是来自要素关联所形成的商业模式整体结构，体现的是设计者对匹配环境需求方式的不同认识。商业模式设计遵循与价值主张相匹配的逻辑，其中系统学派研究认为商业模式是交易活动组成要素的一种组合方式，强调从价值角度归纳商业模式的不同，并将其称为商业模式设计风格。沿用这种价值角度的分类归纳方式，一种商业模式中可能存在多种价值角度，相关研究将根据研究情景确定最主要的价值角度。

商业模式设计常见的有两种导向：新颖性和效率性，前者指的是引入新的机制、连接方式和内容等，实质是打破惯性，设计一个新颖的、能够反映企业如何与利益相关者交易的跨边界交易的模型，而后者指的是提升交易中的效率，实质上是降低交易成本。

（三）商业模式设计步骤

第一步，移情（empathize）。开展研究，以便开发关于客户做、说、思考和感受的知识。想象一下，你的目标是改善新客户的入职体验。在这个阶段，你可以与一系列的实际客户进行交谈。直接观察他们做了什么？他们的想法以及他们想要什么？问你自己一些问题，比如，"什么可以促使或鼓励客户"或"他们在哪里会体验到挫折"。搜集足够的观察结果，你可以真实地感受到你的客户和他们的观点。

第二步，定义（define）。结合你研究或观察客户存在的全部问题，在确定客户需求的同时，开始寻找创新机会。在定义阶段，使用数据聚集在同理心阶段搜集的洞察。组织所有观察结果，并绘制当时客户体验图。在不同的客户中是否有共同的痛点？识别未满足的客户需求。

第三步，构思（ideate）。集思广益，讨论一系列疯狂的创意点子，以解决在定义阶段未确定的客户需求。给自己和团队最大的自由，通过数量取代质量。在这个阶段，把你的团队成员聚集在一起，勾勒出许多不同的想法。然后，让他们彼此分享想法，融合再融合后建立其他想法。

第四步，原型（prototype）。为你想法的一个子集建立真实的触觉表达，这个阶段的目标是理解你想法的哪些部分是起作用的。在这个阶段，你开始通过对原型的反馈衡量你想法的影响和可行性，使你的想法可触。如果有一个新的登录页，绘制线框并在内部获取反馈。根据反馈进行更改，以快速编码的形式写出高保真原型。然后，分享给其他组的成员。

第五步，测试（test）。返回客户反馈，问你自己"这个解决方案能否满足客户的需求"和"是否改善了客户的感受、想法或他们做的任务"。将你的原型放在真正的客户面前，并确认实现了你的目标。客户在入职期间的想法是否被改善？新的登录页会增加在你网站上花费的时间和金钱吗？当你执行你的构想时，继续沿用此方式进行测试。

第六步，实施（implement）。使设想生效，确保你的解决方案具体化并触及最终客户生活。

· 热应用 ·

商业模式类型

长尾模式。少量多种地销售自己的产品，致力于提供相当多种类的小众产品，而其中的每一种卖出量相对很少，但将这些小众产品的销售汇总，所得收入可以像传统模式销售所得一样可观，要求低库存成本以及强大的平台从而保证小众商品能够及时被感兴趣的买家获得。

平台模式。将两个或更多独立但相互依存的客户群体连接在一起，对于平台中某一群体的价值在于平台中其他客户群体的存在，通过促进不同群体间的互动而创造价值、实现网络效应，包括平台管理、服务实现以及平台升级三项关键活动。

开放模式。适用于通过与外部合作伙伴系统地配合而创造和获取价值的企业，可以"由外而内"地在企业内部尝试来自外部的理念，或"由内而外"地向外部合作伙伴输出公司理念或资产。

免费模式。至少有一个关键的客户群体可以持续免费地享受服务，不付费的客户所得到的财务支持来自商业模式中的另一个客户群体。

第二节 人工智能与商业模式创新

一、商业模式创新与技术创新

（一）商业模式创新

20 世纪 90 年代中后期，伴随着世界互联网技术的勃兴与发展，许多新兴的互联网公司借助于新颖的商业模式赢得了大量的顾客并获得了巨大的商业成功。由此，商业模式及其创新逐渐进入创新实践及研究的视域，许多学者认为商业模式创新已成为企业获取竞争优势的又一个重要来源。与商业模式常常被视为一个静态概念进行分析相比，商业模式创新关注新商业模式的设计过程和现有商业模式的演进过程，更强调动态性。基于商业模式的系统观，商业模式创新既可以是企业商业模式单个要素的变化，也可以是多个要素的变化，甚至是整个要素集合以及要素连接结构的变化。

商业模式创新是企业探索新方法来创造与获取价值并建构新的创造和获取价值的逻辑，是基于不同领域知识的创造性组合和利用过程，被视为企业间绩效差异的来源，特别是对新创企业而言，可以通过设计比竞争对手更好的新商业模式来获取竞争优势。研究发现，一些初创企业往往通过改变价值创造和获取的要素或活动，谋求商业模式的效率优势和新颖优势，特别是当面临环境变革时，初创企业高管团队的真正挑战并不是如何利用新技术来创新商业模式，而是如何借助商业模式创新来创造竞争优势。

（二）商业模式创新与技术创新的关系

对技术创新和商业模式创新的关系的认识，常见的有以下四种：一是将技术创新和商业模式创新看成是独立行为，表现在创新问题的研究和实践中，将技术创新与商业模式创新区别对待甚至对立起来；二是认为技术创新影响商业模式创新，将技术创新视作主导商业模式变革的核心推动要素，商业模式创新处于相对被动地位，或者将商业模式视为技术投入和经济产出之间转化的桥梁；三是认为商业模式创新影响技术创新，将商业模式创新作为技术创新的驱动力，促进技术创新进程和技术成果商业化；四是认为技术创新与商业模式创新具有复杂关系，二者紧密联系且具有协同性和耦合性，彼此相互影响形成的复杂关系呈现出不断融合的趋势。

实现商业模式创新与技术创新的融合，可以从以下三个方面入手：①为技术创新设计恰当的商业模式，可以选择超过其机会成本的、可实现的、企业价值最高的商业模式，至于是采取全新设计的商业模式还是沿用已有商业模式并不重要；②技术创新为商业模式创新构建门槛，因为商业模式创新要想建立长期的有效优势，需要掌控某种稀缺的资源能力，或商业模式可以持续地升级，这些有效优势可以通过技术创新来构建；③为利益相关者设计商业模式并推动技术创新，因为对内、外部利益相关者而言，真正需要的并不是某种产品、服务或原料，而是对某种问题的解决，如果能为利益相关者设计一种好的商业模式，并以此推动技术创新并销售创新产品，就实现了双赢。

（三）人工智能与商业模式创新

人工智能作为一种创新技术，在商业化广泛应用过程中会重构企业商业模式。一是人工智能的商业化应用影响了商业模式的要素架构。例如，在零售业等特定行业，企业采纳"人工智能+"的商业模式，使传统商业模式的构成要素及其融合机制智能化，从而影响了商业模式价值创造和价值获取两大维度。二是人工智能影响了商业模式的决策环境。例如，面对不确定性和模糊性较大的组织及商业决策问题时，人工智能帮助降低程序或结构的复杂性，不过整体性和创造性的解决方案则需要由人提供，因此人工智能虽改善了商业决策环境，但并不能完全取代人，而是构成人机交互的共生系统以实现高效率的精准决策。三是人工智能影响了商业模式的运营过程。例如，企业认知学习（ECC）作为人工智能的重要应用，通过培育数据处理、商业嗅觉、组织架构、IT运营以及数字化五大关键能力，能够优化企业商业模式的落地运营并创造价值。

人工智能有助于商业模式实现规模化和个性化价值创造。以规模定制生产为例，人工智能可以帮助企业对定制的产品进行规模化的生产，把大规模生产和定制生产这两种模式的优势有机地结合起来，在保证企业经济效益的前提下满足单个消费者的个性化需求。如果没有人工智能技术创新的加持，大规模生产模式往往会以牺牲消费者的多样、多变需求来形成高效率、低成本的优势，而定制生产则只能在一定限度上满足消费者的个性化需求而难以对时间、原材料、能源和人力成本实现高效率控制。因此，人工智能有助于最大化、最优化商业模式的价值创造，特别是对智能制造企业，融合人工智能的规模定制生产服务模式，通过柔性的生产过程和组织结构，能够为客户提供更多样化、个性化的定制产品和服务，并使这些产品和服务能够兼具规模生产模式制造产品的标准化和专业化特质。

· 冷知识 ·

新业态新模式

2020年7月15日，国家发展改革委等13个部门联合发布了《关于支持新业态新模式健康发展 激活消费市场带动扩大就业的意见》，提出支持15种新业态新模式的发展，包括在线教育、互联网医疗、产业平台化发展、传统企业数字化转型、线上办公、数字化治理、"虚拟"产业园和产业集群、"无人经济"、培育新个体经济支持自主就业、发展微经济鼓励"副业创新"、探索多点执业、共享生产、共享生活、生产资料共享及数据要素流通。

国家发展改革委有关负责人说，我国已进入互联网、大数据、人工智能和实体经济深度融合阶段。引导新业态新模式健康发展，既要破除惯性思维，也要推动制度供给改革，打造发展新优势和新机遇。

抗击新冠疫情中，我国数字经济展现了强大活力和韧性，大量新业态新模式快速涌现，在助力疫情防控、保障人民生活、对冲行业压力、带动经济复苏、支撑稳定就业等方面发挥了不可替代的作用。根据意见，在推进产业数字化转型方面，重点是提升数字化转型公共服务能力和平台赋能水平，降低转型门槛，壮大实体经济新动能。

二、人工智能商业模式的创新挑战

（一）技术实力与模式颜值如何齐头并进

根据商业模式画布和画脸的关系，商业模式更像是"颜值派"，而人工智能作为创新技术，更像是"实力派"。在强调技术创新实力的今天，特别是面对人工智能技术创新的挑战甚至颠覆，商业模式的"颜值"还那么重要吗？人工智能创新创业者还需要"看脸"吗？

的确，商业模式与技术创新经常被对立起来进行比较，商业模式拼颜值、技术创新拼实力，类似这样的看法不在少数，在人工智能时代概莫能外。所以，创业者都希望企业内外兼修，实现颜值和实力双丰收。但是，就像一些观众对娱乐圈的感受：流量小生不少、实力演员难寻，如何兼备好看的商业模式和高深的人工智能技术创新，并非易事。

2018 年 7 月，中国工程院院士、香港中文大学（深圳）校长徐扬生在一次活动中提到，深圳龙岗有很多创新企业，但商业模式创新比较多，技术创新比较少。同场其他科学家和创业者也提醒，模式创新的时代已经过去，科技创新才是常青风口。就在同一个月，小米在香港主板敲钟，当时社会上对小米上市存在一些争议，比如搞不清小米"是硬件公司还是互联网公司"。面对质疑，雷军很快回应道："不要纠结到底是互联网公司还是硬件公司，小米是唯一一家具备全方位能力的企业，是独一无二的新物种公司。"而当时的小米已在开始布局人工智能物联网（internet of things，IoT）模式。

可能更具"打脸"的挑战是"徐匡迪之问"。2019 年 5 月，中国工程院院士徐匡迪提出的一个问题"中国有多少数学家投入到人工智能的基础算法研究中？"迅速传遍大江南北，不少媒体用"'徐匡迪之问'揭开人工智能虚伪的华丽面纱"等相近主题，来批评或反思中国人工智能发展过程中基础研究的欠缺、技术创新的短板以及商业生态的浮躁。

看来，有美丽红火的商业模式之脸，并不意味着有技术创新之实，仅凭商业模式在人工智能时代似乎行不通或走不远，那么，这是否意味着颜值派商业模式难以与实力派技术创新齐头并进，应当让位于实力派的技术创新？

（二）技术实力与模式颜值如何一体两面

回答这个问题，最成功的"画脸"大师达·芬奇或许能给我们解决思路。达·芬奇是伟大的艺术家，在绘画、音乐和雕刻领域极具盛名，《蒙娜丽莎》的神秘微笑之脸是他的杰作之一。同时，达·芬奇也是伟大的科学家，在数学、建筑学、生物学、天文学、地理学等领域（此处省去诸多科学领域）积累了上万页宝贵手稿、成果卓著，爱因斯坦认为，达·芬奇的手稿如果当时得以发表，人类科技水平可以提前半个世纪。

达·芬奇是具有科学素养的艺术家，也可以称为具有艺术素养的科学家，他不仅为"科学性与艺术性是管理的一体两面"观点提供了佐证，也为我们在人工智能时代反思商业模式与技术创新的关系做出了提醒：实力派技术创新并非与颜值派商业模式势不两立，二者关系就像科学性与艺术性一样，是人工智能创业的一体两面。

担心"打脸"不如主动"画脸"，图 6-3 把商业模式画布之脸与达·芬奇笔下的蒙娜丽莎之脸放在一起，尝试从 16 世纪的蒙娜丽莎神秘微笑背后，找寻人工智能创业的商业模式设计新思路：既有颜值又有实力，而且经得起时间的考验。

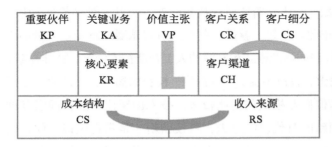

图 6-3　商业模式画布之脸与蒙娜丽莎神秘微笑之脸

资料来源：蒙娜丽莎画像来自 https://image.baidu.com。

当然，商业模式与技术创新的融合并不简单。要知道，面对《蒙娜丽莎》这幅画，多少艺术家孜孜以求这张脸的完美之道，多少科学家用 X 光等技术不懈探索这张脸的神秘力量，至今都未找到最终答案。一幅画历经五百余年、解读千人千面，却也从另一个角度启发了我们：商业模式与技术创新的融合关键，不仅在于融合的静态结果，比如选择或制定出某种商业模式；还在于融合的动态过程，比如商业模式能持续创造价值。就像蒙娜丽莎的神秘微笑，虽然诞生于达·芬奇完成画作的那一刻，但其美丽的价值却历久弥新。

因此，在人工智能技术尚未成熟、完善的今天，技术创新与商业模式的融合不可能一蹴而就，想要成功地绘制出嵌入人工智能的商业模式之脸，可能还需要创业者向达·芬奇学习，在科学性和艺术性的交会中，画一张动静相宜的脸：静在于商业模式有其清晰明确的架构轮廓，人工智能技术创新嵌入其内（AI in all）；动在于商业模式需要用户互动来创造价值，人工智能服务其外（AI for all）；相宜在于商业模式与人工智能协同，就像社会技术系统研究范式所主张的，技术与模式实现一体化（AI of all）。社会技术系统理论主张组织既是一个社会系统，又是一个技术系统，因此，商业模式体系与人工智能技术体系可以被视为企业的一体两面，管理者要关注社会和技术两方面的变革并实现二者协同发展。

第三节　人工智能商业模式设计与创新误区

国内外不少研究表明，创业失败率通常高达 90% 以上，而技术尚在探索完善中的人工智能创业失败风险，也是位居高点。2017 年被《福布斯》和《财富》等杂志称为人工智能元年，一家进行人工智能技术和产业资讯分析的机构 SYNCED 总结了这一年火爆的人工智能创业中最具代表性的十大失败案例，苹果、亚马逊、谷歌和 Facebook 等企业位列其中。比如，Facebook 在 2016 年年底发布了一套面向开发聊天机器人的开发人员的 API，但是，由于企业聊天人工智能"失败率高达 70%"，因此不得不在 2017 年关停了这个项目。行业巨头尚且如此，更何况新起步的那些创业者。难怪一位中国投资人提醒：无论主观意愿是好是坏，投身人工智能创业大潮中的人 90% 以上都会失败，创业者成功概率小于 1%。

当然，失败率高并非人工智能创业专属，而创业是否失败更多取决于创业者的主观认定，所以，比界定失败率和失败概念更加重要的是，发现失败背后的问题。达·芬奇认为，人体是大自然的奇妙作品，画家应以人为绘画对象的核心。以下就围绕商业模式这张脸的鼻子、眼睛和嘴唇，借用三个常见的美容之术和《西游记》等故事里的典型形象，来看看用人工智能"美颜"商业模式的三个误区。

一、误区一：价值主张伪态

（一）表现形式

商业模式这张脸的鼻子是价值主张。当前，不少企业都在强调数字化转型，用人工智能等创新技术重新定义并凸显自身的新价值主张，好似在商业模式这张脸上隆鼻梁，以使鼻子更加挺拔，成为脸的制高点。

但是，价值主张不等于企业宣称的口号，而是企业通过产品和服务向用户提供的价值，描绘的是用户期望从产品和服务得到的收益。在人工智能创业热潮背后，并不乏"伪人工智能"公司，前阿里巴巴总裁卫哲曾估计"伪人工智能"项目比例可能高达 90% 或 99%。这个比例反映的不只是人工智能技术的真伪，也折射出一些企业商业模式中的人工智能技术创新价值主张并未真正落地，只是一种"伪态"。

《西游记》中的猪八戒就有个大鼻子，"积极又可爱"（网络上流传的一段音乐视频的歌词）；而动漫人物匹诺曹，鼻子越高、谎言越深。由图 6-4 可见，同样是隆鼻，带给观者的体验天壤之别，人工智能创业的价值主张须谨防隆鼻梁过高的价值主张伪态。

图 6-4 猪八戒的鼻子与匹诺曹的鼻子

资料来源：https://image.baidu.com.

（二）应对方向

一是技术与模式的有机融合。用人工智能创新商业模式，理论界和实践界给出了积极响应。颠覆性创新理论之父克莱顿·克里斯坦森在《创新者的处方》一书中用诸多案例表明，只是抓住颠覆性技术，而不将其与颠覆性商业模式结合，失败是显而易见的，商业模式对颠覆性技术创新非常重要。在创投研究机构 CB Insights 发布的 2019 年度人工智能企业 100 强榜单中，排在 6 家中国企业首位的商汤科技，将自己的商业模式称为"1（基础研究）+1（产品及解决方案）+X（行业）"，并强调以核心技术和平台为支撑。

二是政策法律的充分支撑。政策和法律为人工智能创新商业模式提供了制度支撑。比如，2017 年 4 月 1 日起施行的《国家知识产权局关于修改＜专利审查指南＞的决定》，作出的重要修改之一就是对商业模式创新中的技术方案给予积极鼓励和恰当保护，新增的一段有关商业模式的修改内容如下：涉及商业模式的权利要求，如果既包含商业规则和方法的内容，又包含技术特征，则不应当依据专利法第二十五条排除其获得专利权的可能性。这也就表明含有技术特征的商业模式创新可不等同于第二十五条所述的"智力活动的规则和方法"，亦可申请专利。

三是领导团队的博雅管理。有了理论研究、实践经验和政策制度的助力，并不意味着人工智能创业的商业模式"天生丽质"；相反，人工智能作为颠覆性技术与商业模式的融合创新，更加考验创业者的高度平衡领导艺术，用人工智能这把锋利的"双刃剑"为商业模式这张脸动刀子，下手需谨慎，小心美颜不成可能毁容。管理学大师认为管理是一门真正的博雅艺术，科学性和艺术性是管理的一体两面，人工智能商业模式创新的管理体系也不例外，如何让高精尖的黑科技创造出五彩缤纷的美丽生活，创业型领导团队需要技术行动和艺术思维联动，追求智圆行方、知行合一。

二、误区二：价值传递盲目

（一）表现形式

商业模式这张脸的双眼，意味着商业模式主张的价值要在创业活动内外进行传递，能够眼观八路、联通四方。人工智能时代万物互联，技术创新推动商业模式所关注的方方面面要素实现联结，于是"AI+N"也就是让人工智能与模式要素做加法成为典型做法，比如将人工智能嵌入营销渠道、客户关系、业务流程、资源整合等单个或多个环节，相当于在原有模式价值传递的路径上再加一个人工智能赛道，好似为商业模式这张脸的双眼加上人工智能的双眼皮，以使眼睛更大且更好传情。

不过，"AI+N"的价值传递双赛道，也可能导致价值传递的分散甚至模糊，从而降低或折损了价值传递效率和效果。比如不少人工智能创业企业或项目失败的原因在于，引入的创新技术与原有业务流程水土不服甚至相互打架，造成业务流程恶化和客户体验变差。德勤公司调查发现，人工智能在中国金融领域应用最为广泛，但是，由于改革空间比较大，当人工智能嵌入业务流程时，须注意在实现标准化、高效率的同时，兼顾定制化的好效果。这就意味着，创业者要让价值传递链条清晰明确，"AI+"的程度并非越深越好，否则双赛道可能变成双堵车。

《西游记》中的孙悟空就有双火眼金睛，能够识别妖魔鬼怪；而成语故事里的摸象盲人，虽然直面大象（也可以用创业领域常说的"傍大款"来形容），却很可惜没能看清大象全貌、越摸越糊涂。由图 6-5 可见，大眼睛、双眼皮并非都属于孙悟空的火眼金睛，如果割不好，有可能会失明，人工智能创业的价值传递也须谨防割眼皮过狠，造成价值传递盲目。

图 6-5　孙悟空的眼睛与摸象盲人的眼睛

资料来源：https://image.baidu.com.

（二）应对方向

一是坚持用户导向。人工智能让商业模式"变脸"是否最终增了颜值、强了实力，则需要看脸的人——用户来定夺，因为商业模式作为一套价值逻辑，其价值的意义是由创业者提供的产品和服务所指向的用户说了算。商业模式设计与创新的实施主体虽是创业者，但模式体系和循环中心是用户，因此，人工智能创业者要避免把价值创新等同于人工智能新产品，而应当以用户为导向，通过用户探索、互动和验证，让人工智能带来的创新产品和服务成为解决用户痛点的最佳方案。

二是夯实资源基础。资源是创新创业过程中的要素总称。资源基础理论奠基人之一彭罗斯认为，企业就是由一个行政管理框架协调并限定边界的资源集合，商业模式设计与创新也可视为资源集合运用的结果。人工智能作为技术资源，应成为企业可持续竞争优势的来源，因此商业模式体系的资源基础应当因人工智能的赋能而更具价值性、稀缺性、难以模仿性和不可替代性，不仅让人工智能作为异质和优质资源催生新模式，也为初创企业成长提供新动力。

三是畅通价值链条。商业模式作为创业价值的实现架构，包括一系列活动，而这些活动又包括多个基本活动和多个辅助活动。在生产经营过程中，这些互不相同但又相互关联的活动构成一个创造价值的动态过程，即价值链。人工智能创新商业模式，意味着价值链创新，这就需要人工智能创业者要对人工智能涉及的各业务领域关键活动进行系统梳理和优化设计，从而抓住它们的运行本质并发掘价值增值点，进而实现新颖且适用的商业模式。

三、误区三：价值获取虚胖

（一）表现形式

商业模式这张脸的嘴唇，意味着商业模式最终要获取价值，盈利也是应有之义。火热的人工智能创业"烧钱"不少，创业者和投资人希望商业模式能够带来可观的价值回报，让成本更低、收入更高、盈利更丰厚，好似为商业模式这张脸丰唇，让脸的颜值更诱人。虽然盈利模式只是商业模式的一部分，不过人工智能创业者还是要在市场竞争中重视可以实现盈利的资源整合方式和路径，从而实现企业利润和客户业务价值双赢的局面。

但是，价值回报不等同于利润，盈利模式不能替代商业模式的地位。伴随人工智能创业热潮的是投资热潮，行业巨头和新贵纷纷涌入，不过大部分企业成立初期实际上处于亏损状态，因此，不少人心存怀疑，人工智能创业估值存在泡沫，人工智能创业多久能收获价值？行业独角兽最终能否飞龙在天？很多创业者和资本市场都在焦虑等待着。即便横扫世界围棋冠军的 DeepMind 公司也长期收不抵支，这就不难理解诸多小型初创人工智能公司被挤压和难以盈利的生存状态。有人形容这是一种"拿着锤子找钉子"的不正常状态，创业者在描绘商业模式这张脸时，都想塑造吸引人特别是投资人的厚实嘴巴，而实际上的回报可能既不丰厚也不实在。

《西游记》中沙僧的大嘴巴虽然藏在胡子里面，但是说起话来"如雷如鼓老龙声"（原著描述），很是铿锵有力；老电影《射雕英雄传之东成西就》中梁朝伟扮演的欧阳锋，误打误撞弄成的"香肠嘴"让人忍俊不禁。由图 6-6 可见，会蛤蟆功的欧阳锋的这张嘴看似丰厚、实则浮夸，商业模式价值获取须谨防丰唇过厚，导致价值获取虚胖。

图 6-6　沙僧的嘴巴与欧阳锋的嘴巴

资料来源：https://image.baidu.com.

（二）应对方向

一是挖掘知识产权价值。以产品为中心的传统企业要想降低成本，通过规模经济实现单位固定成本的降低是有效手段，但是对人工智能创业而言，商业模式要获取真金白银的价值，仅通过传统的产品盈利模式来保持企业竞争力将越来越难。知识产权盈利模式意味着收益更多来自新产品的收入，特别是专利授权许可收入、技术咨询收入、技术转让收入、技术服务收入等高端收入占有较高比重，让自主创新战略和高新技术提升价值创造水平。

二是掌握盈亏分析方法。商业模式设计与创新是否、如何实现价值创造充满不确定性，因此人工智能创业者仍有必要熟悉并掌握盈亏分析的相关方法，以便及时了解和科学应对可能出现的问题。例如，通过盈亏平衡分析法，有助于对人工智能投入成本中固定成本和变动成本与产量的关系开展技术经济分析；再如通过现金流分析法，有助于将人工智能技术应用与现金流指标相对接，时刻提醒企业收支情况，保持一个可持续现金流。

三是坚持价值共创定位。价值共创是企业与顾客通过互动共创顾客体验的过程，价值镶嵌在顾客个性化体验中，顾客与企业对话并积极互动，在服务中重新创造自身体验。人工智能商业模式强调服务主导逻辑，企业提供满足顾客需求的人工智能产品和服务，顾客在使用产品和服务过程中，通过服务主导的互动和资源整合，提升了共创价值的效果，从而能给企业带来长期稳定的利润。

人工智能创业的商业模式设计与创新，该如何避免误区之坑、提升颜值之美，还需要继续探索背后的逻辑脉络。商业模式虽可以用脸的图像来诠释其价值逻辑，但这并不是要求人工智能创业都要用人工智能这把刀在商业模式脸上大动干戈，我们更期待的可能是天然之美，能像苏轼赞美西湖一样：淡妆浓抹总相宜。维特根斯坦说，"'一个基本事态是可以思维的'意味着：我们可以为我们自己绘制一幅关于它的图像。"那么，您脑海中的人工智能创业的商业模式之脸又是哪个形象呢？

| 他山石 |

韩国三星在人工智能时代的新业务模式

2020 年 7 月 29 日，三星电子关闭了位于苏州的电脑生产线，遣散了除研发之外的其他部门，而在前一年 9 月，三星还关闭了最后一家在中国境内的手机生产线。有人唏嘘，因为当年三星的手机市场占有率遥遥领先，如今却在中国国内快失去了讨论资格。但是，更多人发现，三星电子可不等同于三星手机，虽然 IT 和移动通信业务板块确实表现不佳，但是半导体业务板块的业绩却十分亮眼。

在 2017 年，三星就终结了英特尔 25 年的霸主地位，成为全球最大的半导体公司。2020 年上半年，三星在半导体市场的营收份额为 49%，SK Hynix 和美国美光科技公司的营收份额分别为 24% 和 20%。换言之，当人们使用非三星手机品牌获取信息与娱乐时，依然还是三星的消费者，因为从芯片代工到存储器再到显示面板，三星以供应商的身份几乎控制着全球手机产业链的命脉，无孔不入。

社区团购商业模式

思考讨论

2020 年年底，一些互联网头部企业先后砸重金发展社区团购业务，通过"烧钱大战"补贴平台，开展低价促销。例如，"一分钱一盒鸡蛋""九分钱一棵白菜"等，让社区团购"火"了起来。从短期来看，相关做法既能让消费者吃到便宜菜，也不会影响到菜农的收入。可是，从长远来说，由于不具有可持续性，社区团购这种补贴模式难免会给市场经济秩序带来诸多负面效应。值得关注的是，自网约车肇始，共享单车、长租公寓等领域都先后出现过"烧钱"模式，都是资本的强势介入出现了"火箭式增长"，但最终只留下一地鸡毛。当年的"跑马圈地"场景在社区团购领域再次上演，但"烧钱沦为垄断"的竞争模式需要引起有关方面的警惕。

请查阅社区团购相关案例和报道，运用商业模式画布或其他商业模式分析工具，解析社区团购的商业模式要素和结构，并结合人工智能等创新技术在其中发挥的作用，讨论人工智能时代商业模式如何兼顾经济价值和社会价值，并对比共享单车和长租公寓问题案例，讨论可持续的人工智能商业模式在设计和创新环节的注意事项。

■ 本讲概要

▶ 高精尖技术与关键核心技术

▶ 科技创新的"四个面向"

▶ 人工智能创业的两种时间观

▶ 人工智能的精益启动

▶ 人工智能精益启动的价值创新

第 七 讲

人工智能与精益创业

中国风···　**精益求精**

　　"精益求精"一词的最早出处，可以追溯到《诗经》中的"如切如磋，如琢如磨"，这句话意指君子通过切磋让学问更精湛、通过琢磨让品德更良善。《论语》中子贡用这句话向孔子求证，追求境界更高就要"如切如磋，如琢如磨"。南宋朱熹《四书章句集注》又对这段对话进行了注解："言治骨角者，既切之而复磋之；治玉石者，既琢之而复磨之；治之已精，而益求其精也。"后来，"精益求精"成为反映中华民族不断精进、追求美好的传统美德。

　　人工智能创新创业进程也需要精益求精。2020 年年底，国家发展改革委负责同志就国务院印发的《关于提升大众创业万众创新示范基地带动作用 进一步促改革稳就业强动能的实施意见》答记者问时提出，要弘扬科学精神和工匠精神，夯实精益创业集聚平台，培育更多掌握核心技术、充分吸纳就业、具有持续成长性的高新技术企业、专精特新"小巨人"企业和制造业单项冠军。

第一节　人工智能技术的高精尖

一、高精尖技术和关键核心技术

（一）高精尖技术

"高精尖"原本是一个物理学概念，通常是指具有"高级、精密和尖端"特质的科学技术、产品工艺和先进发明。高精尖技术是指那些具有"高、精、尖"属性的技术，而高精尖产业就是具有"高、精、尖"属性的产业或产业组合。"高"，是指高科技、高附加值、高知识、高技术密集型的高端产业；"精"，是指应该有所选择地发展产业，选择在本区域内具有比较优势且符合发展定位的高端产业；"尖"，是指在一定区域内、全国乃至国际上处于尖端，能够作为众多高技术产业的支撑与领头的产业。

"高精尖"作为科技发展方针的提出可以追溯到新中国成立初期。1956 年 1 月，中共中央发出"为迅速赶上世界科学先进水平而奋斗""向科学进军"的号召，随后北京和上海等地制定了相关产业发展方向。北京市委于 1960 年 2 月提出北京工业应当向"高大精尖"的方向发展，并在当年 10 月明确"北京工业今后发展的方向是精兵主义和精品主义""一部分企业向高级、大型、精密、尖端产品进军，攀登现代科学技术的高峰"。随后，由于"高大精尖"的"大"字不再适合北京的情况，北京市委在 1961 年果断把原来发展工业的"高大精尖"方针调整为"高精尖"，收缩规模过大、不适合首都城市发展的工业，"把提高产品质量放在第一位，把提高技术水平、发展新技术、高技术产品作为重要任务，在提高质量和提高技术的基础上争取工业高速稳定的发展"。

上海也积极响应党中央战略部署，在 1958 年 4 月确定了"高精大新"的发展方针，即"发展高级的、精密的和大型的产品，发展新产品"，通过在这些领域提高技术、提高质量，赶上并超过国际水平，并以此为主干推动全国其他各地。后来，随着形势的发展，"高精大新"经历了"高精大""高精大尖""高精尖"的演变，其适用范围也由工业领域扩展至科学研究领域，最终在 1963 年确定为"使上海工业生产和科学研究工作，在中央的统一规划下，有计划、有重点地向高精尖方向发展"。

如今，高精尖技术及其相关产业发展已经成为推动新旧动能转换的助推器、打造经济高质量发展的加速器，人工智能技术产业发展在其中的表现尤为亮眼。从"高"质来看，我国已成为全球人工智能的重要生产基地和消费市场，多地竞相打造人工智能技术和产业发展高地，加快人工智能产业相关规划的部署与落地，围绕高端机器人、工业机器人等高精尖产业领域，培育一批行业龙头企业和百亿、千亿级产业集群。从"精"度来看，人工智能正朝向更加精细化的先进制造、医疗健康、生活服务等领域快速延伸，突出精密、复合、智能，提高关键制造生产环节应用的可靠性。从"尖"端来看，人工智能研发强度、关键技术水平、核心零部件配套条件大幅提升，技术研发和产业应用着眼解决短板问题，瞄准智能感知、新材料应用、新驱动系统等重点领域，实现深度调整和尖端突破。

（二）关键核心技术

科学技术是第一生产力，关键核心技术是国之重器。党的十八大以来，习近平总书记曾在多个场合强调科技创新的重要性，多次提到要掌握核心技术，指出要"加快关键核心技术自主创新，为经济社会发展打造新引擎"。提高我国关键核心技术创新能力，就是要按照需求导向、问题导向、目标导向，从国家发展需要出发，以关键共性技术、前沿引领技术、现代工程技术、颠覆性技术创新为突破口，抢占科技竞争和未来发展制高点，在重要科技领域成为领跑者，在新兴前沿交叉领域成为开拓者，创造更多竞争优势，为经济社会发展、保障和改善民生、保障国防安全提供有力的科技支撑。

应当清醒看到，我国还称不上科技强国，关键领域核心技术受制于人的格局没有从根本上改变。关键核心技术上的短板，与之带来的随时可能面临被"卡脖子"的风险，困扰着我国经济社会发展。我国是全球最大的电子产品制造国，但"缺芯少魂"（芯指芯片，魂指操作系统）局面依旧存在。我国是医药大国，但仿制药占比仍然很高，多数高端医疗设备依赖进口，自身硬实力不强。即便应用走在前列的人工智能产业，在底层算法、开源框架上的基础仍比较薄弱，"地基"仍不牢。

人工智能是关键核心技术中的中坚力量，对提高创新链整体效能意义重大。人工智能是研究、开发用于模拟、延伸和扩展人类智能的理论、方法、技术及应用系统的一门新的技术科学，具有多学科综合性、高度复杂性、全面渗透性等特征，是引领新一轮科技革命和产业变革的重要驱动力，有助于提高经济社会发展智能化水平，增强公共服务和城市管理能力。当前，人工智能正在对经济发展、社会进步、国际政治经济格局等方面产生重大而深远的影响，打好人工智能关键核心技术攻坚战，有助于赢得全球科技竞争主动权，推动我国实现科技跨越发展、产业优化升级、生产力整体跃升。

为此，人工智能关键核心技术的发展可以从如下环节入手：一是基础环节，要增强原创能力，夯实创新基础；二是理论环节，要加强前沿理论研究、实现颠覆性突破；三是导向环节，要坚持问题导向，建立关键共性技术体系；四是应用环节，要强化应用开发，推进新产品和服务与市场需求的协同促进；五是人才环节，要打造人才成长平台，夯实队伍支撑和智力支持。

· 冷知识 ·

李约瑟之问

李约瑟的英文名为约瑟夫·尼德汉，1900 年出生于英国一个知识分子家庭，毕业于剑桥大学凯思学院，因尊崇中国哲学家老子而改名李约瑟。1941年，早已对中国科技历史感兴趣的李约瑟被英国文化委员会派往中国，担任中英科学合作馆馆长，走遍中国大江南北，考察中国古代科技文化成就并收集相关科技典籍，编纂出版了鸿篇巨制《中国科学技术史》，并在书中提出了著名的"李约瑟之问"："尽管中国古代对人类科技发展做出了很多贡献，但为什么科学和工业革命没有在近代的中国发生？"

从 6 世纪到 17 世纪初，在世界重大科技成果中，中国一直拥有 54% 以上，到了 19 世纪骤降为 0.4%。李约瑟通过自己的作品让世界了解了中国的科技发展状况及其对全人类科学技术史的贡献，他相信一个拥有伟大文明、伟大人民的国家一定能崛起。从一穷二白起步，在砥砺奋进中开拓，今天，中国大地上处处涌动着科技创新的勃勃生机。杂交水稻源自一株野稗，青蒿素引出科研"大军团"作战，中国"芯"数十年生死竞速……"创新中国"的密码埋藏在 70 年间无数个科技攻关的真实故事中，埋藏在亿万中国人民的创造伟力中。

二、科技创新的"四个面向"

我国"十四五"时期及更长时期的发展对加快科技创新提出了更为迫切的要求。党的十九届五中全会进一步明确了创新在我国现代化建设全局中的核心地位，提出"面向世界科技前沿、面向经济主战场、面向国家重大需求、面向人民生命健康"，加快建设科技强国。"四个面向"对于汇聚科技创新资源要素，形成重大科学研究成果，形成经济社会发展的核心驱动力，实现我国"关键核心技术实现重大突破，进入创新型国家前列"目标具有重要意义。

（一）面向世界科技前沿

面向世界科技前沿，意味着科技创新要探索最具未知性、先驱性和挑战性的研究领域，不断突破人类的认知极限，实现人类肢体和工具器物的拓展与延伸，进而促进人类认知边界的动态扩展和工具效能的迭代更新，从而更好地认识世界和改造世界。新一轮全球竞争，是科技竞赛和产业比拼，必须要具有领先的国际竞争能力。为此，要坚持加强基础研究，增强原始创新能力，重点解决"卡脖子"的技术难题，突破制约产业链安全的短板。同时，发挥企业在工程、产业创新中的主体作用，使企业成为创新要素集成、科技成果转化的生力军，提升我国内循环活力，促进上下游、产供销、大中小企业协同发展，畅通产业循环、市场循环、经济社会循环。

中国人工智能发展一直面向世界科技前沿，瞄准创新前端。例如，2017 年 7 月国务院印发的《新一代人工智能发展规划》就提出了面向 2030 年我国新一代人工智能发展的指导思想、战略目标、重点任务和保障措施，提出五种人工智能的技术形态，即从数据到知识再到决策的大数据智能、从处理单一类型媒体数据到不同模态（视觉、听觉和自然语言等）综合利用的跨媒体智能、从"个体智能"研究到聚焦群智涌现的群体智能、从追求"机器智能"到迈向人机混合的增强智能、从机器人到智能自主系统。再如 2018 年 10 月和 2020 年 1 月科技部发布的"科技创新 2030—'新一代人工智能'重大项目"指南，再次前瞻性地提出了人工智能基础理论（深度学习、因果推理、博弈决策、群智涌现、混合增强智能、类脑智能等）、技术（知识计算、跨媒体分析、自适应感知等）以及应用发展方向。

（二）面向经济主战场

面向经济主战场，意味着科技创新要推动科技工作与国家经济社会发展深度融合，打通从科技强到国家强、从科技事业发展到国家整体发展的通道，通过科技与经济的无缝对接让科技渗透和作用于生产过程，并最终实现自身社会化即为社会所用的过程。为此，要进一步发挥科技第一生产力的作用，用新一轮科技革命的技术成果改造国民经济各个部门，实现依靠创新驱动的内涵型增长服务高质量发展，培育高质量发展新动能。特别是依靠科技创新推动传统产业转型升级，使其高端化、低碳化、智能化，实现新旧动能顺利转换。

中国人工智能面向经济主战场取得了长足的发展，以计算机视觉、语音识别等为代表的感知智能已经走在了世界前列。自 2015 年开始，中国人工智能产业规模逐年上升，根据中国信息通信研究院数据，2015 ~ 2018 年复合平均增长率为 54.6%，高于全球平均水平（约 36%）。2018 年，我国人工智能产业市场规模已达到 415.5 亿元。根据国务院发布的《新一代人工智能发展规划》要求，到 2020 年人工智能核心产业规模超过 1 500 亿元，2025 年人工智能核心产业规模超过 4 000 亿元。人工智能与交通、医疗、城市安全、教育等相互融合，将使各个行业快速地实现智能化，切实融入人们的生活中。人工智能推动人与智能机器交互方式的变革，智能终端设备的应用将逐渐普及，人们将会以更加自然的方式同智能机器交流，未来人机交互方式也更加多元、无处不在。下一阶段人工智能将作为数字经济融合实体经济的催化剂，成为中国数字经济发展的核心驱动力。

（三）面向国家重大需求

面向国家重大需求，意味着科技创新要掌握主动权，这样才能掌握国际竞争决胜权，既要着眼建设世界科技强国的宏伟目标，也要正视主要发达国家的科技实力，突破制约我国科技发展结构失衡和受制于人等问题，与国家共担当，与时代同前行。为此，科技创新要补齐我国经济社会发展、民生改善、国防建设面临的一些需要解决的短板和弱项，并要在一些关键工业技术、部分关键元器件和重要装备、新能源技术等关乎国家急迫需要和长远需求的领域组织重点攻关。特别是要完善科技创新体系，优化资源配置，加速科技创新能力从量的积累向质的飞跃转变，增强不同创新主体协同创新能力。

中国人工智能面向国家重大需求全面发力。例如，多地政府和多数企业都在运用人工智能技术，改善和提升生产管理流通和产业链，人工智能新产品和新服务在中国纷纷涌现、日新月异。虽然有的只是把原来的产品和服务加上传感器系统和通信系统，再加上人工智能的计算系统和控制系统，但是可以使新产品提供更全面高效的新服务。目前，大数据智能、人机混合增强智能、群体智能、跨媒体智能、自主智能系统等人工智能的五个新发展方向和5G、工业互联网、区块链等结合在一起，可能成为实体经济变革的核心驱动力，并将催生更多的新技术、新产品、新业态、新产业、新区域，从而使生产制造走向智能，供需匹配趋于优化，专业分工更加精准，通过实体经济和人工智能的深度融合实现创新驱动高质量发展。

（四）面向人民生命健康

面向人民生命健康，意味着科技创新要坚持人民至上、生命至上，不断为人类谋取包括生命健康在内的各种福利，提升人的生活品质、让人的生活更美好，科技工作如离开了对人的关照、背离了对人民生命健康的关照，将失去存在的意义。为此，科技创新要实现对生命的尊重和对人民的关怀，折射出科技工作的人文关照和价值选择，比如在抗击新冠疫情过程中，广大科技工作者在治疗、疫苗研发、防控等多个重要领域开展科研攻关，为统筹推进疫情防控和经济社会发展提供了有力支撑，做出了重大贡献。因此，科技创新要构建高品质生活健康体系，做好生命健康科技规划，培育健康新业态、新产品、新模式，为人民生命健康护航，为人民高品质生活助力。

中国人工智能在面向人民生命健康方面做出了突出贡献。人工智能技术融入国内诊疗流程的主要切入点在于医学影像和精准医疗，在医学影像方面人工智能技术主要依托图像识别和深度学习能力，在精准医疗方面人工智能则以个人基因组信息为基础开展大数据挖掘和基因检测等。除了诊疗技术革新，人工智能技术还在有效补充医疗资源、弥补基层诊疗服务短板、转变卫生服务管理模式、提升公共卫生服务水平方面取得了令人振奋的新进展。2017 年以来，全球人工智能相关临床试验数量主要增长来源为中国和美国。截至 2020 年 9 月，中国已经成为全球开展人工智能相关临床试验数量最多的国家。前沿科学技术与医学的深度融合是健康医疗人工智能发展的基础，未来人工智能将在公共卫生和临床诊疗中发挥更大作用。

第二节　人工智能创业的易与快

高精尖的人工智能技术要转化为创业行动，是不是很难、会不会很慢？说起难易和快慢，这关乎时间长短，音乐就是一门时间艺术，而人工智能创业与音乐一样也是一门时间艺术，人工智能产品和服务的发布，与音乐作品的诞生相似，也有其创作难易和节奏快慢。

一、人工智能创业的"变易"

（一）插曲还是调音

学懂弄通人工智能并非易事。人工智能作为一门高精尖技术，涉及数学、计算科学、逻辑学、脑神经科学、认知心理学、经济学等多学科，新技术的掌握不可能朝播暮收，更何况具有颠覆性和系统性的人工智能技术。因此，许多中小学甚至幼儿园现在已经开设人工智能课程，大学也纷纷建立人工智能学院，不少职场人士也通过多种方式来学习人工智能知识。即便如此，仍有一些研究报告提出，中国人工智能人才缺口目前高达数百万，人工智能创业潜力巨大。没有金刚钻、揽不了瓷器活，技术学习无法一蹴而就，这是否意味着人工智能创业高不可攀？或者，人工智能创业只能由精通人工智能技术知识的创业者才能成功实施呢？

· 硬科技 ·

ABCDEF 技术

2019 年 11 月 30 日于北京举行了第十一届中国经济前瞻论坛，科技部副部长李萌在主旨演讲中提出 ABCDEF 创新技术的融合应用：

A（AI）是人工智能。人工智能是一项战略性、渗透性的技术，正在对各行各业进行全方位的赋能。人工智能的发展应该坚持应用先导、应用驱动。大

规模推动人工智能同实体经济融合，可以弥补我国当前劳动力成本上升、比较优势下降的弱点。

B（blockchain）是区块链技术。区块链技术包括分布式数据存储、共识机制、加密算法、智能合约等，特点为去中心化、公开透明、不可更改性及可回溯。近年来，区块链技术引起了全球关注，一些国家围绕着区块链的研发、应用和监管相继出台了国家战略。

C（cloud edge collaboration）是云边协同。云计算已经成为各行各业越来越离不开的基础能力，在网络化、数字化和智能化中不可或缺。

D（big data）是大数据。大数据是继实验观察、理论推导、计算机模拟之后的科学研究新范式。数据已经成为重要的生产要素。过去认为经济发展靠要素驱动、投资驱动，现在强调创新驱动和数据驱动。

E（ethics）是伦理。科技伦理是科技活动必须遵守的行为规则，对科技的健康发展甚至社会的安全都有重大的影响。随着科技发展水平不断提高，科技伦理问题就更加紧迫地提出来了，任何违反科技伦理规范的行为都必须坚决反对。

F（5th generation mobile communications）是5G。5G是中国科技产业在世界领跑的标志性事件，把以前人与人的通讯连接拓展到物与物的连接，甚至智能与智能的连接，开启了万物互联、万智互联的新阶段。目前5G的布局才刚刚起步，从理论到技术还有需要进一步研发和完善的地方，也有很多未知领域和应用场景需要开拓挖掘。

ABCDEF各方面融合应用才能释放出巨大的发展能量，给经济社会发展带来的可能已经不仅仅是新的增长点，而是新的增长洪流。

通过比较历史上风电技术创业的不同路径，可以发现新技术创业也并不都是曲高和寡。美国宾夕法尼亚州立大学拉弗·盖路德（Raghu Garud）和丹麦奥尔堡大学彼得·卡诺（Peter KarnØe）两位学者，对比了丹麦和美国风力发电技术的兴起过程（见表7-1），发现丹麦的风电技术路径之所以稳步演进，最终在风力发电产品和服务方面远超美国并位居世界前列，原因之一在于创业者采取了独特的行动路线：没有只盯着新技术的"突破"（breakthrough），而是关注已有资源的"拼凑"（bricolage）；不是在用新技术制作新"插曲"（episodic），而是对现有技术和市场进行"调音"（modulated）。

表 7-1 "拼凑"和"突破"：丹麦和美国风电技术路径比较

行动方	丹麦	美国
设计方和生产方	· 基于农业设备领域经验的启发式设计 · 关注焦点在于可靠性 · 注重设计方、生产方和供应方合作网络 · 具有纵向扩展的步骤安排 · 在纵向扩展步骤内部，努力进行产品开发	· 基于航空航天框架体系的工程科学 · 关键焦点在于空气动力效率 · 忽视设计方、生产方和供应方合作网络 · 欠缺纵向扩展的步骤安排 · 在纵向扩展步骤内部，几乎没有产品开发
用户方	· 面对各方用户，开展直接学习 · 对提供重大投入，采取激励措施 · 动员并形成一个协会，发布风力发电机设备效果的比较分析结果	· 针对特定有限用户群，开展间接学习 · 对提供重大投入，鲜有激励措施 · 动员并形成一个协会，与生产方一道，对政府部门进行游说
评估方	· 合作开发机制 · 高度关注风力发电设备效果的检测比较 · 检测标准与正在开发的技术协同演进	· 选择性机制 · 不太关注风力发电设备效果的检测比较 · 检测标准来自具有原发性的工程科学知识，且二者没有协同演进
监管方	· 战略性引导不同行动方的活动 · 制定的政策引发了风电技术发展领域各方的参与积极性	· 创造了也意外关闭了巨大的机会空间 · 制定的政策几乎没有调动风电技术发展领域各方的参与积极性

上述研究反映了创业领域的资源"拼凑"理论主张。拼凑一词本义是"修修补补"，在创业实践中，是指创业者整合手边的现有资源、加入新元素或是替换旧元素、不断循序渐进和递进完善最终创造出独特服务和价值的过程。资源"拼凑"理论认为，势单力薄的创业者想要使有限的资源创造出抵御激烈竞争或突出市场重围的新价值，需要做"修补匠"是将单一的增改演化为创造性的"拼凑"，不仅是"填补"、更要去"修造"，通过创造性"拼凑"挣脱资源束缚，从而解决新问题、实现新机会、收获新价值。

资源"拼凑"更像是"调音"，具有如下主要特征：一是通过加入一些新元素，实现有效组合，结构会因此改变；二是新加入的元素往往是手边已有的东西，也许不是最好的，但可以通过一些技巧或窍门组合在一起；三是这种行为是一种创新行为，会带来意想不到的惊喜。因此，人工智能创业也可以借鉴资源"拼凑"的思路，创业者并非要等到技术成熟、知识完备的那一天，而是可以在现阶段的人工智能技术基础上，甚至依托传统技术积累来启动人工智能创业并步步为营。

（二）从难易到变易

由前文可见，人工智能创业之初，直接用完美的人工智能技术创作"插曲"很难，而将不完美或正在发展完善的人工智能技术对现有市场进行"调音"更易。说到易，首先想到"容易"。人工智能技术创业会和"容易"挂上钩吗？实现人类首次回收发射火箭壮举的 Space X 公司创始人埃隆·马斯克给出了肯定的答案。他在接受《财富》杂志专访时曾说道："我觉得我们已经拥有一切，现在只需要好好组织这些元素，让它们集中在一起，确保能在不同的环境中使用，然后任务就完成了。它实际比人们想象的容易得多。"这套"容易"做法——组织已有元素在不同环境中使用——让马斯克对火星的探索任务比美国国家航空航天局（NASA）预期的时间快了数年，也让他在人工智能领域继续超前行动，通过创办非营利组织 OpenAI 和成立实现脑机接口的新公司 Neuralink 来遏制未来人工智能对人类的"独裁"。

"容易"背后实则是"变易"。2018 年诺贝尔经济学奖获得者保罗·罗默教授的观点可以解释马斯克的"容易"。罗默的内生性经济增长理论认为，真正可持续的经济增长并非源于新资源的发现和利用（这可能困难），而是源于将已有的资源（这可能容易）重新安排后（这意味变易）使其产生更大的价值。借用学者对丹麦和美国风电技术发展的比喻，"插曲"难、"调音"易，而"易"源于创新性的变化。正如一些人工智能创业者所体会的，在人工智能行业创业，不适用于单点突破，需要产品、解决方案、售前、销售等各方面全方位做事，最关键要看你提供什么差异化产品和服务，技术可能提供了差异化，但就不等同于产品和服务本身。

"变易"的标尺则为用户需求。多次登上"全球人工智能行业独角兽企业 100 强"榜单的中国企业旷视科技的创始人印奇曾提道："人工智能是一个很本质的技术革命。任何一项技术的早期，都面临着性能不够成熟、成本很高的问题。如果直接面向消费者，往往很难规模化。而很多传统行业对效率的提升有很大的需求，能最先适应人工智能技术的应用。"与很多人工智能创业者一样，他认为一个人工智能公司仅仅强调技术是不对的，而是要看技术产品背后的服务多大程度上获得了用户认可。

二、人工智能创业的快速

（一）两种时间观

创新性的变化是对环境的积极响应，"快"是技术创新时代变化节奏的标签。"快"则需要创业者对时间高度敏感，这与当前技术和社会系统的迅速变革密不可分。哲学家和社会学家齐格蒙特·鲍曼（Zygmunt Bauman）认为全球化和互联网时代的社会特征，不再是坚若磐石的固态，而是动若流沙的液态，因此，用时间维度而非空间维度来评判社会存在和变化的思考方式尤为重要。

<hr>

· 软思想 ·

兵贵神速

技术创业者对"快"的关注，不禁让人联想到一句成语：兵贵神速。这个成语来自《三国志·魏书·郭嘉传》，意思是用兵以行动迅速为可贵，出其不意，攻其无备，就会取得胜利。郭嘉足智多谋，受到曹操的信任和重用。曹操打败了袁绍，准备去征讨逃跑的袁尚，但有些官员担心远征之后，荆州的刘表会乘机派刘备来袭击曹操的后方。郭嘉建议曹操说："进行突然袭击，一定能消灭他们。如果延误时机，让袁尚他们喘过气来，只怕那些地区又要不属于我们了。"在出征后郭嘉又对曹操说："用兵贵在神速。现在到千里之外的地方作战，军用物资多，行军速度就慢，如果当地人知道我军的情况，就会有所准备。不如留下笨重的军械物资，部队轻装，用加倍的速度前进，乘敌人没有防备发起进攻，那就能大获全胜。"曹操依郭嘉的计策办，部队快速行军，直达对手驻地，使他们惊慌失措地应战、一败涂地。

除了兵贵神速外，我们还听说过江湖盛传"天下武功、唯快不破"，以及现代军事战争强调"发现即摧毁"。这种"快"思考和行动在人工智能创业领域并不鲜见。谷歌联合创始人之一拉里·佩奇（Larry Page）在少年时代接受过系统的音乐训练，他向《财富》杂志记者坦言音乐给予他的馈赠是"对时间高度的敏感，因为时间就是本初"。

<hr>

不过，需要注意的是，将人工智能精尖技术转化为创业行动之"快"，不是指在时间点上的短暂，而是指在时间过程上的循环周期短。这就涉及关于时间的两个重要视角：钟表时间与过程时间。两位英国学者朱利安·瑞耐克（Juliane Reinecke）和赛兹·安萨利（Shaz Ansari）于2015年发表在管理领域顶级学术期刊 AMJ 的一篇文章，对比了这两种对时间不同的理解视角，表 7-2 是对研究观点的概括。

表 7-2　钟表时间与过程时间

比较之处	钟表时间	过程时间
时间观点	将时间视为绝对的、集中的、恒定的、线性的、机械的，是一种"牛顿主义"观点	将时间视为主观的、开放的、相对的、有机的和循环的，是一种非"牛顿主义"观点
宇宙观假设	"西方主义"：宇宙有始（本源）有终（结束）；时间是一个线性进程	"东方主义"，古希腊主张：宇宙是无始无终的循环过程
描述方式	定量的	定性的

（续）

比较之处	钟表时间	过程时间
导向	限定期限（deadline）导向	过程导向
逻辑	效率：时间是个稀缺资源	柔性：时间是个情境特征
人类掌控	时间被商品化，是工作纪律，工业组织的"机器时间"	难以被操控，轨迹随不同事件而变，易于从不同角度诠释
过去、现在和将来	离散的（discrete）	时序的（temporal）
变革和干预	竞争分析；战略规划和定位；自上而下的强制式变革。对工作过程的分析、再设计、再造和质量管理	通过组织活动将默会知识和因果关系进行分享和外化。围绕社会－技术准则进行试验性学习以及工作系统再设计

通过表 7-2 左右两侧时间观的比较，可以看出人工智能创业的变易之"快"，侧重过程时间观的逻辑：不是线性、绝对的、离散的钟表时间之短，而是非线性、相对的、时序的过程时间之短。图 7-1 是这项研究提出的双元时间观示意图，主张两种时间观的融合更符合创业的不确定性情境，是创业者需要具备的时间认知框架和实践行动路线。

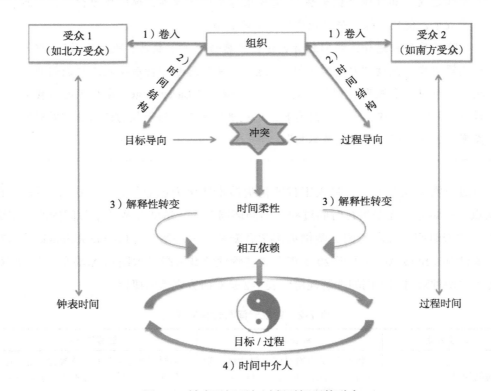

图 7-1 钟表时间观与过程时间观的融合

资料来源：Reinecke，Ansari.when times collide：Temporal brokerage at the intersection of markets and developments[J]. Academy of Management Journal, 2015, 58(2)：618-648.

　　人工智能技术创业实践中的迭代做法，就反映了这两种时间观的融合及其所蕴含的"快"智慧。迭代的概念起源于数学中的迭代算法，为了解决无法直接解决的复杂问题而产生，是从一个初始估计出发寻找一系列近似解来解决问题的过程。所谓迭代开发就是从创意这一初始假设出发开始不断调整、修正想法，以探寻新的或是类似解决问题的方式，进而实现创意市场化的过程。迭代开发强调快速创新和用户创新，采取"小而快"的开发模式，用极简的原型和小修小补快速更迭进入市场，与消费者互动，根据用户认知进行再次开发，重复迭代过程，不断创新并且增强对情境的适应能力。随着大数据、人工智能及区块链等新兴技术的涌现，第三代技术革命蓄势待发，新技术领域的迭代开发尤为重要。相比传统技术，新兴技术在这些阶段都表现出相当的跳跃性和非线性。技术的内部开发和外部市场反馈共同促进迭代过程的演进，新兴技术创新的迭代过程规则难以捕捉，其创新轨迹具有显著的非线性特征。

（二）超前行动与后发赶超

　　在创业者实施创业行为和进入新市场时，超前行动是一种典型的创业导向，反映出创业者追逐新事业、应对环境变化的一种先动性心智模式。与超前行动导向不同，创新性导向是一种从事和支持可能产生创新产品、服务或工艺的新思想、实践、创造等的倾向，风险承担导向则是一种承担债务、大规模资源承诺、通过抓住市场机会来获取高回报的倾向。而超前行动导向的创业者或创业型企业更关注最快的创新，倾向于率先发起行动、第一个将产品或服务引入市场，主张主动寻找与抓取市场机会、寻求市场领先地位，而且更重视采取措施改变环境而非被动作为竞争者或市场环境的回应者。一些研究表明，由于超前行动导向的创业重视对环境的提前预测和主动塑造，比如时刻保持对未来市场需求和技术变革趋势的敏感度和应对力，从而能够利用信息和市场的非对称性提高其对资源的获取和整合能力，进而会提高企业的环境洞察能力并最终影响初创企业的绩效。

　　同时，通过后发赶超实现后发优势也是技术创业者快速成长之道。后发赶超意味着创业者作为快速跟随者或模仿者，通过快速学习突破较同行业领先企业相比存在着的技术劣势与市场劣势，在劣势向优势转化过程中实现组织能力的追赶和超越，最终达成赶超的战略目标。后发优势则意味着由后发者地位所致的特殊益处，这一益处先发者没有、后发者也不能通过自身的努力创造出来，而完全是与其经济的相对落后性共生的，是来自落后本身的优势。后发优势存在于资本、技术、人力、制度和结构等多方面，其中技术的后发优势被讨论得最多。由于科学技术作为公共或准公共产品，具有较大溢出效应，这对科学技术比较落后的发展中国家来说就成为一个优势条件，可以花费较低成本、较少时间实现技术应用，有助于节约资源、缩短差距、发展更快。

可见，无论超前行动还是后发赶超，都反映出人工智能创业过程中的快属性。例如，德勤咨询公司研究报告曾表示，中国近几年在 5G 技术上掀起了一波令落后者难以追赶的"海啸"。再如，《经济学人》杂志提到"无人驾驶汽车的广泛应用，可能首先出现在中国，而不是西方"。而从时间进度来看，我国无人驾驶技术和产业发展其实较西方起步较晚。需要注意的是，人工智能创业的超前行动或快速赶超并不是只求高速度、牺牲高质量；相反，人工智能创业要成为推动高质量发展的高速运转新马达，从而提供循环永续新动能。就像潘云鹤院士所比喻的，"值此人工智能热潮，我国还需既用望远镜又用显微镜"，既要赶超高精尖的世界先进水平，又要超前行动勇探无人区，为新技术、新服务和新业态的跨界融合与创新服务提供支撑。

第三节　人工智能精益创业与价值创新

一、精益创业

（一）精益创业源起

"精益"最早来源于丰田汽车的精益生产。精益生产是一个复杂的管理体系，反映了价值创造和资源浪费之间的联系，关注如何节约、杜绝浪费，提倡"第一次把事情做对"，围绕以用户需求拉动生产的方式，形成及时化生产和零库存等新的管理方法，有助于企业取得巨大且持久的竞争优势。虽然精益思想诞生于丰田汽车生产过程中，但是当前也已广泛应用在创业管理领域，形成了精益启动的创新方法论。

精益创业融合了精益生产理论，吸纳了敏捷开发、顾客价值等管理理念，核心内涵是在总时间循环周期最小化的情况下，充分实现用户价值，具体管理环节包括：确立目标用户、做小范围实验，根据可行产品的最小化、用户价值的最优化以及用户反馈信息的及时化进行产品迭代更新，然后通过这些循环步骤不断明晰核心认知，最终实现新企业的高速发展。

那么，精益与人工智能创业的联系是什么呢？人工智能领域创业者、创新工场创始人李开复曾谈到自己的体会：本质上，科学家和创业者有非常大的不同——科学家追求的是科研突破，创业者追求的是商业回报；科学家讲究严谨，创业者讲究速度；科学家要慢工出细活，而创业者要快速迭代。因此，科学家本质和创业者、风险投资人（VC）本质截然不同。

精益创业领域代表学者史蒂夫·布兰克（Steve Blanc），在帮助科学家创业过程中也总结出了如下体会和提醒：第一，科学家选题往往是冷门的，尚无很大市场；第二，科学家选题与创业风口有很大差异；第三，科学家不太愿意承认自己很可能不具备把技术转换成商业价值的洞察力和执行力。当然，这里绝对没有打压科学家参与创业的意味，只是提醒人工智能时代基于科技创新的创业活动，需要意识到精益思想所主张的快速启动背后的循环时间观。

（二）精益启动循环

精益启动（lean startup）亦被称为精益创业，是创业者在不确定性情境下的验证性行动，表现为创业者的无形无序想法转化为有形有序行动的循环过程，由于创业机会窗口可能随时关闭，因此如何抓准时机快速行动非常关键。以"快"为导向意味着创业者往往不是按部就班执行脑海中的完美计划，而更像是做实验般地进行验证探索，这种"快"并非钟表时间意义上的短，而是过程时间意义上的循环周期短，无论即时还是延时，强调的是对不确定情境的反馈性和新事业启动的精益性。

精益创业过程呈现如图 7-2 所示的循环周期，如图所示，包括三个关键事件"想法－产品－数据"（idea-code-data）和三个核心环节"开发－测量－认知"（build-measure-learn）。具体而言，想法是指创业者的商业创意；开发是要建立价值假设和增长假设并尽快面向潜在顾客设计推出产品；产品是指最小可行产品（minimum viable product，MVP）；测量是通过进行创新核算来及时评价每一个步骤和所有的阶段性行动与进展；数据是指定量或定性的测量指标结果；认知是指通过前述行动得以验证和证实地对情境事实的认识。以上六个步骤聚焦一个原则，即精益启动总循环时间最小化，强调在最短循环周期下，以最高质量、最低成本找寻有价值的认同，从而开发出最适合市场的产品。

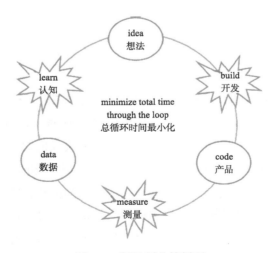

图 7-2　精益创业的循环

上述循环针对新产品和新业务的推进，表现为将一个极简的原型产品投放到市场，用最小可行产品去了解潜在用户的需求，邀请用户共同进行产品的设计，通过不断的学习和有价值的用户反馈，对产品不断进行优化，使其真正满足用户的需求，能够适应市场，提供了避免产品认知失败的行之有效的办法，能够有力地提高创新的速度和效率，其本质是"把精益思维运用到创新的过程中"。

以人工智能独角兽企业商汤科技为例。公司创始人汤晓鸥博士毕业后，被邀请到香港中文大学信息工程系任教，继续从事计算机视觉相关领域的研究，于 2001 年 7 月建立香港中文大学多媒体实验室，2005 年起他兼任微软亚洲研究院视觉计算组负责人。他在北京和香港两地工作，才两岁的儿子是他最深的牵挂。为了表达爱意并弥补无法经常陪伴孩子的不安，他开始频繁地给儿子拍摄照片，相册几乎涵盖了儿子成长的每个瞬间。直到照片积攒到成千上万张时，他意识到分类成了难题，想在海量照片里找到某个时间段或某个有趣瞬间的照片非常困难。

在计算机视觉技术还远没有今天成熟的时候，他决定一试，叫来几位学生开始研究名为 Photo Tagging 的课题，采用最新技术手段来给相册进行分类整理。这是汤晓鸥利用人脸识别技术走向实际应用的开端。"我可以用人脸识别、人脸检测，用这种人工智能技术，帮助大家来管理、整理相册。"这就是从想法（idea）到开发（build）的阶段。

随后，创始人团队的产品（code），通过测量（measure）和反馈的数据（data），不断认知（learn）和调整（pivot）技术模式，2011 年起实验室的几十位博士、教师开始研究深度学习，2014 年 3 月，其团队发布人脸识别算法，准确率达 98.52%，在全球首次突破人眼识别能力，新的迭代技术让汤晓鸥团队名噪一时，IDG 资本合伙人也慕名而来，助推研究团队走出实验室，2014 年 10 月，商汤科技正式成立。

二、价值创造与创新

（一）价值创造

人工智能精益启动循环的结果是带来创新价值。《精益创业》（*Lean Startup*）一书的作者埃瑞克·莱斯（Eric Ries）认为，创建新的机构往往肩负长期使命、创造可持续价值、要把世界变得更美好，但最重要的是，要杜绝浪费人们的时间。他在书中引用了"科学管理之父"弗雷德里克·泰勒的观点："我们可以看到和感觉到物质的直接浪费，但由于人们不熟练、低效率或指挥不当的活动所造成的浪费，则是既看不见又摸不到的。要认识这些，就需要动脑筋，发挥想象力。也正是这样的原因，尽管我们来自这方面的日常损耗要比物质的直接浪费大得多，但后者使人触目惊心，而前者却容易使人无动于衷。"

　　因此，人工智能精益启动作为科学管理的延伸，终极目标还是为了创造更好、更多的价值。人工智能精益启动的价值创造通常表现为以下三种形式：一是在组织内部提升研发效率，人工智能技术可以通过提高研发活动的效率创造价值，比如研发周期变短、生产资源节约、创新保障完备等；二是组织外部实现要素融合，人工智能精益启动有助于激活数字化资源要素、响应个性化用户体验、联结多元化行业知识；三是组织未来构建创新能力，人工智能技术和产业的精益化发展，也是对社会变革的引领，比如对已有产品和服务的革新、打造全新产品和服务、重塑用户需求甚至实现用户价值共创等。

· 热应用 ·

人工智能赋能百行千业

　　智能化变革已经是全球范围的大势所趋，作为一项典型的使能型技术，未来人工智能向百行千业广泛渗透将引发深度变革。如果大数据相当于工业社会的石油，那么以人工智能为代表的算法正在成为发掘数据价值的发动机，实现数据、知识和其他要素的相互渗透融合，能够充分放大和提升各类要素的价值创造能力。人工智能技术通过与各行各业深度融合，升级传统产品、改造传统行业的同时，一批新产品、新产业、新业态大量涌现，拓展了产业新空间。以智能制造为例，人工智能在生产、检测、装备、物流等各个环节与大数据和工业互联网等技术协同发力，让传统企业焕发新生机，为制造业新腾飞提供新动能，实现全产业链深度赋能，推动了全产业链集聚发展。有理由相信，人工智能有望作为一项基础性技术支撑，赋能各行各业，形成新一波高速发展浪潮。

（二）价值创新

　　伴随技术的日新月异发展，人工智能精益启动创造的价值也需不断进行价值创新。一是内向型价值创新，即人工智能创业企业积极搜寻和获取企业外部创新资源，整合供应商、顾客以及外部其他组织或个人的技术、发明、创意、知识等，以节约企业的研发成本与时间，提升企业的创新性，从而推动更大的价值创造。二是外向型价值创新，即人工智能创业企业快速将其技术、专利、知识和创意外部化，从而使其能够相对于内部开发被更快地带向市场而实现其市场价值。三是混合型价值创新，即人工智能创业企业融合以上两种价值创新方式，通过与合作者建立先动性和开放性的联盟合作等多种方式来共同创造价值。

因此，人工智能精益启动的快循环，不是指在行动实施的钟表时间上早一段、早一拍，而是在价值创造和创新过程时间上早一圈、早一代。以摩尔定律为例，这是信息技术产业领域与时间密切相关的一个定律，由英特尔创始人之一戈登·摩尔在 20 世纪 60 年代提出，意指集成电路上可容纳的元器件数量每隔 18 ~ 24 个月就会增加一倍，性能也将提升一倍。这在数学本质上是一个指数式发展定律。虽然有学者认为摩尔定律在当代的硬件领域已经失效，但其在人工智能计算能力方面发挥的驱动作用依然未被动摇。商汤科技联合创始人徐立认为"我们进入了软件的摩尔定律时代，软件性能通过人工智能快速增长，你只要领先，带来的时间窗口可能是一年、甚至更长，领先18 个月就超出一代，是整体一倍性能"。可见，摩尔定律虽然表述为时间数值上的长短，但其更蕴含有价值创造和创新的快慢循环。

不过，精益启动的快循环还需要避免成为死循环。生物学领域有一种奇特的"循环磨"（circular mill）现象，讲的是几乎不能依靠视力导航的军蚁，总是通过寻找前面一只蚂蚁留下的气味等信息作出判断，结果导致它们常常没有目的地一直绕圈子，甚至陷入"自杀螺旋"，最后因为精疲力竭而死亡。因此，人工智能创业的精益启动并非等同于让循环周期越短越好，如果节奏把握不当，循环得越快、"死"的可能性也越大。埃森哲 2018 年发布的报告指出，遍地开花的人工智能初创企业，"创业的成功率只有5%，未来大部分人工智能创业企业都会被淘汰"。技术的发展速度太快，随着人工智能不断的普及化，更多企业带来创新的同时，也使人工智能企业面临更大压力。如何在快循环的同时实现久循环，价值创新是解决问题之道。

| 他山石 |

以色列人工智能创业特点

与其他国家一样，以色列在 2017 年迎来了人工智能的井喷式发展，不过以色列人工智能创业企业却有其独特之处，其中受到关注的就是 B2B 模式的企业比重非常高，比如 2017 年以色列人工智能初创公司中有大约 85% 从事 B2B 业务，另外 15% 则主要集中在农业、生物制药等领域。以色列本来就是 B2B 企业占比最高的国家之一，而在人工智能领域的比重同样高有其内在原因。

例如，2B 服务有助于与以色列原本技术服务产业更好地结合，通过对传统领域的智能化变革，实现水到渠成的商业化落地和高效的价值回报。调查显示，以色列 2B 业务主要集中在营销传播、企业服务和金融服务领域，这些新企业将人工智能算法和解决方案创新性地渗透到传统领域当中，从而衍生出丰富多样的新兴人工智能市场。再如，以色列的用户基数和市场规模有限，但是 2B 业务的快速落地和变现容易吸引到来自欧美和中国的大企业买家，通过收购活动可以达到快进快出的效果，以至于坊间对以色列人工智能初创公司流传有"买到即赚到""我不做大公司，但我是所有大公司的供应商"的说法。

思考讨论

跨越数学界与企业界之间的沟壑

2019 年，数学家有不少经典的发问。例如，中国工程院院士徐匡迪在当年一个院士沙龙上发问："中国有多少数学家投入到人工智能的基础算法研究中？"这个问题被称为"徐匡迪之问"并引发了强烈讨论。再如，数学大师丘成桐在一次数学家大会上问道："我在报纸上看到，很多大公司的负责人讲他们有多少数学家。不过，到底是数学家，还是做数学的工程师？"这个问题也带来了不少争鸣和反思。在人工智能时代，数学的重要地位更加凸显，但如何跨越数学界与企业界之间的"沟壑"仍非易事。创业者希望以最短时间获得最高效益，而数学家希望打造出最"完美"模型参数再投入使用。

请根据以上介绍查阅相关材料，结合本章关于精益启动和价值创新的主题，谈谈你对如何跨越数学界与企业界之间的沟壑的认识和建议。

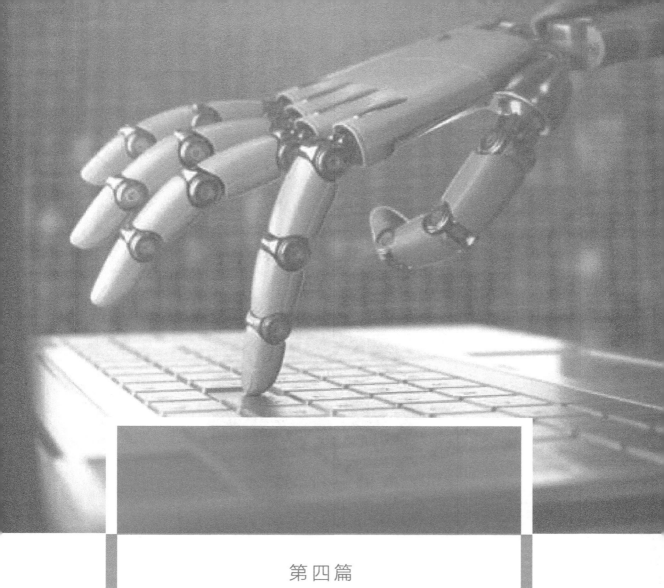

第四篇

环境模块：拓区域、善治理

第八讲　　人工智能与区域创新

第九讲　　人工智能与治理创新

■ 本讲概要

▶ 创新创业与知识溢出

▶ 人工智能创业与区域创新体系建设

▶ 中国人工智能创业城市

▶ 人工智能创新发展与协调发展

▶ 人工智能助力双循环新格局

第 八 讲

人工智能与区域创新

中国风 · · · 　　包容普惠

"一花独放不是春,百花齐放春满园。"这句话源于《古今贤文》,意思是只有一枝花朵盛开的时候,并不能称其为春天,百花齐放的时候,满园都是春天。在经济全球化深入发展的今天,这句话反映出中国坚持包容普惠的发展思想,强调的是共同发展、开放合作,避免技术创新发展带来不平衡和不充分问题。发展的目的是造福人民、共同富裕,只有完善包容普惠的发展理念和模式,才能让发展更加平衡,让发展机会更加均等、发展成果人人共享。

包容普惠也是人工智能创新发展的应有之意。人工智能不仅要推动经济创新发展和繁荣,还要正视区域发展不协调等现实困境,从而让技术成果惠泽各地、让富足安康人人共享。在中国脱贫攻坚过程中,人工智能技术就发挥出了令人欣喜的作用。比如,人工智能新技术应用帮助扶贫部门更为精准地了解贫困地区和人员信息,通过报表分析和数据挖掘指导扶贫工作及时发现问题、高效解决问题。再如,人工智能创业型企业用新产品和服务开展教育扶贫、医疗扶贫等,将扶贫与扶志相结合,实现高质量脱贫。

第一节　人工智能创新创业与知识溢出

一、创新创业与知识溢出

（一）创业机会的知识源头

知识的基本属性决定了其作为创业机会来源的重要地位。相比较土地、劳动力和资本等传统生产要素，知识具有高度的不确定性和非对称性。不确定性意味着新创意知识的预期价值并不确定，这些新知识的价值变化性远高于运用土地等传统生产要素的价值实现过程；非对称性意味着不同的经济主体和决策制定者在识别和评估机会时存在分歧，尤其当新创意偏离既有企业核心竞争力和技术路径时，这种分歧将更为严重。知识的不确定性和不对称性使得任何新创意的预期价值在经济主体之间存在不同程度的差异，最终带来不同的创业决策结果，比如某企业决策制定者虽然忽视或放弃某个新创意，但本企业内部或外部经济主体仍会对这个新创意做出高度的价值预期，从而使认可新创意知识价值的经济主体尝试去创建新企业即制定和实施创业决策。

创业机会的外生性和内生性比较也能反映出知识的本源地位。主张创业机会外生性的学者认为市场总是非均衡的，如果存在不合理的价格，那么就存在获利机会，因此机会总是客观存在且随处可见的，而对非均衡的警觉性正是创业者的独特特征，创业者更多是在发现知识而非创造新机会。创业机会内生性的主张常见于交易成本理论和资源基础理论，前者认为创新机会更可能发端于较小规模企业，而较大规模企业在制造和流程分配方面更为有效；后者认为创业有助于异质性资源整合并带来持续竞争优势，而机会更可能从企业这一资源治理体系中内生。上述机会外生性和内生性观点具有相通之处，知识都在其中发挥了核心作用：外生性关注个体认知，机会作为市场向新均衡的调整过程反映出知识的获取和沟通；内生性关注组织决策，机会作为资源开发过程反映出知识的创造和应用。

由上可见，知识作为创业机会源起，为理解新企业生成机制提供了重要视角，即创业机会可以从新知识中产生，新企业生成是创业机会价值即新知识价值的实现方式。进一步而言，由于创业决策的知识往往源于既有企业或组织，因此，创业过程也可以视为知识从产生源头到实现商业化应用结果的转化过程，初创企业则是这一过程孕育出的新组织形式。据此可见，创业是一种知识溢出机制，新企业则是知识溢出的组织载体。从 20 世纪 70 年代开始，越来越多的研究表明区域竞争的比较优势来源于新知识，初创企业作为新知识溢出结果，在其创建过程中通过投资研发活动或培训和教育新员工实现了知识价值和资本收益最大化，体现出新创意由内及外的知识溢出效应。

（二）知识溢出与技术创新

知识溢出作为一种典型的知识扩散方式，是不同主体之间由于知识存量差异而导致的经济和业务活动中知识和技术转移的过程。与知识传播不同，知识溢出不是知识在人或组织之间有意识的、主动的、自愿的交流过程，而是知识无意识的、被动的和非自愿的扩散。知识一旦被生产出来，生产者就难以完全排斥他人不需付费或以较低成本拥有知识价值，换言之，一个人或一个组织拥有知识却无法排除他人和其他组织也同样完整地拥有知识，这就反映出知识能够相互交流和学习的本质，而且知识交流越多，新知识创造也就越丰富。所以知识溢出可以提高知识资源的配置效率，知识溢出效应就反映了知识接受者或需求者通过消化吸收知识产生的创新和经济增长等衍生影响。

知识溢出与技术创新的关系密切。知识溢出使先进技术的创新性知识通过一定渠道和方式得以传递给后发企业，刺激了后发企业提高创新投入，改进生产工艺，促进生产效率提升，成为企业技术创新的外部源泉，对企业创新绩效提升具有重要作用。从区域空间来看，知识溢出是企业创新活动在空间地理集聚的推动力；从产业集群来看，知识溢出是集群全局性创新水平的决定性因素；从企业联盟来看，知识溢出一方面激发企业自身努力研究创新，另一方面激励企业与其他相关公司的交流合作从而收获积极的溢出效应。

人工智能技术创新对知识溢出产生重要影响。在人工智能时代，知识创造的效率提高、获取的渠道多元、吸收的能力增强、转化的边界消弭，这些变化促进了企业之间对人工智能知识的共享，在整体上增加了知识溢出的外部效应，从而有助于提升企业创新水平。一方面，人工智能有助于隐性知识的显性化，通过对组织内外部的数据与信息进行整合和集成，通过智能方式实现复杂问题的分析、推导和处理，从而更高效地提炼内部隐性知识并加速其显性化，更开放地吸收外部共享知识并实现其价值最大化。另一方面，人工智能推动了有意识的知识溢出，这是为了规避人工智能知识溢出带来的风险，通过有意识的知识溢出在促进企业知识交互的同时，更大程度上保护技术的独特信息，维持自身的核心优势。

· 冷知识 ·

知识过滤

知识过滤是新知识与最终实现商业化的知识之间存在的屏障，导致知识投入与创新成果乃至经济增长之间呈现非线性关系。实际上，新知识并不会全部被商业化，换言之，新知识并不等同于具有商业应用价值的新经济知识，二者之间的差距就是知识过滤的结果，而这成为影响初创企业生成的一个屏障。例如，由于知识过滤的存在，企业实验室或科研机构在开展科研项目时，并不能将既有组织创造的新知识完全商业化为具有经济价值的知识。

虽然知识溢出效应的存在可能引发那些对新知识价值有较高预期主体的创业行为，但是不少研究发现，识别创业机会并创立新企业的全过程总伴随有知识过滤效应。这也解释了为何一些组织虽然生产了新知识，却没能借助新组织方式实现新知识商业化和价值最大化。例如，基于部分国家和企业的实证研究发现，高水平研发投入并不一定带来高水平经济增长或组织绩效。为此，研究进一步论证并提出，不仅要重视研发积累的知识存量，还要开拓新路径实现知识充分流动，提升经济主体对新知识的识别、吸收和开发能力，而创业正是具有明显推动作用的重要力量，有助于突破知识屏障、减少知识过滤、促进知识创新。

二、人工智能创业与区域创新

（一）人工智能创业的集聚效应

由于知识溢出效应的存在，加之其在地理空间上具有边界性，经济活动往往呈现空间集聚，尤其是创新活动在地理上的非均衡分布特征更为明显。这就意味着，创业在地理空间上的变化具有特定的区域属性，并且这些发生在不同区域、表征各不相同的创业活动不是一种自然随意现象，而是某种具有区域属性的特定要素的作用结果。不同区域的创业活动水平会有差异，新企业生成与其所在地理空间具有相关性，区域的新知识投入水平越高，该区域的新企业创建率就越高，而那些新知识投入水平较低的区域往往具有较低的新企业创建率。自1999年开始的"全球创业观察"（GEM）显示：全球不同国家和地区的创业活动存在差异，中国不同省份的新企业生成水平也表现迥异，创业活跃的地区往往是经济增长快速的地区。因此，激发和推进本地区的创业活动成为各级政府加快区域经济增长的重要途径。

从产业视角来看，人工智能创业的集聚效应也具有其必然性和重要性。当前，人工智能引发的产业空间布局变化趋势表现为，数字技术公司和企业的研发、设计、营销、管理等生产活动向大城市，特别是人口规模大的大都市区集聚，由此导致城市空间资源再配置。这是由于人工智能时代的新产业结构不同于以传统制造业为主体的产业结构，产业智能化使得产品和服务的生产过程与消费过程更加同步，特别是对第三产业而言，生产者邻近消费者更便于提供服务，因此人工智能时代对多维邻近需求更高。伴随人工智能新技术革命而涌现出的大量数字技术公司、生产性服务业企业，因其具有知识密集型特征，并非囿于工业园区内或平均分布在不同城市发展，而是倾向集聚在人口规模大、密度高的大城市来获得集聚经济的优势。特别是智能转型的生产性服务业企业，如各种类型的金融机构、研发设计机构、律师事务所、会计师事务所、各类咨询机构等，通常在交通便利、人口密度高和规模大的城市才更可能靠近客户，从而有更大的生存和拓展空间。

当然，同一产业内部激烈的竞争可能也会带来分散布局，集聚和分散是共同影响人工智能创业空间分布格局的两股力量。例如，集聚程度的增加会使人工智能创业企业的资源竞争更加激烈、要素成本日趋升高、技术信息外溢风险加大等，因此，地理空间的分散分布有助于降低集聚可能带来的上述不良影响。不过，目前大部分研究成果表明，相比较分散效应，集聚效应更能反映出当前人工智能创业的空间分布态势，这与人工智能产业的知识基础密切相关，而且联合高校、科研院所、其他企业研发中心开展技术研发活动已成为创新型和技术型人工智能企业的通行做法。

（二）人工智能创业推动区域创新体系建设

区域创新是指区域空间层面的创新能力和水平。随着经济社会发展一体化，特定区域发展不仅取决于当地人力、资金和技术的投入，还需要其他地区的协调配合，区域间的相互配合促进了创新活动的交流，进而产生创新能力的空间关联，但其空间关联强度会随着地理距离的增加而逐渐减弱。对邻近省份和地区而言，由于彼此之间有着交通便利、交流成本较低的优势，相互之间更容易进行创新交流与合作，创新主体容易向邻近区域传递创新信息，同时邻近主体也更容易模仿和学习创新主体的创新活动，最终使得创新能力较高的主体在特定区域形成空间邻近效应。

当前，区域创新体系建设对中国高质量发展具有重要意义，不仅是国家重大区域发展战略实施的支撑，更是各地区实现创新驱动发展的重要保障。中国已经成为世界第二大经济体，从总量上可以说已经成为一个经济大国，但是，从创新要素看，目前依然存在着创新要素流动不充分、创新要素配置扭曲、原始创新能力不足等问题，条块分割和块块分割现象依然存在；从创新质量看，部分区域的创新平台还不坚实、创新队伍仍不健全、创新方向尚不明确、创新功能并不完备，区域高质量创新成果依然欠缺。为此，党的十九届五中全会提出"构建新发展格局，切实转变发展方式，推动质量变革、效率变革、动力变革，实现更高质量、更有效率、更加公平、更可持续、更为安全的发展"，这就要求区域创新体系建设要坚持创新驱动发展，全面打造新发展格局。

人工智能创新创业成为推动区域高质量发展的先行示范力量。2019 年 9 月，科技部印发了《国家新一代人工智能创新发展试验区建设工作指引》（以下简称《指引》），明确到 2023 年布局建设 20 个左右试验区，打造一批具有重大引领带动作用的人工智能创新高地，服务支撑国家区域发展战略。《指引》提到，重点围绕京津冀协同发展、长江经济带发展、粤港澳大湾区建设、长三角区域一体化发展等重大区域发展战略进行布局，兼顾东部、中部、西部及东北地区协同发展，推动人工智能成为区域发展的重要引领力量。

值得注意的是，人工智能创新创业正在以城市为主要集聚区域，城市往往具有较为丰富的人工智能创新资源、完备的人工智能基础设施、良好的人工智能技术生态，这些都为城市提供了更为自由便利的知识流动条件，使城市成为引领和带动国家层面人工智能创新发展的先头部队。研究显示，包括人工智能在内的数字技术创新要素具有"边际成本低"的特性，使新知识的创造成本降低、新知识的共享和应用成果升级，而城市因能加速知识流动和扩散使上述效应更加明显，从而有助于推动区域创新效率的提升。

· 热应用 ·

大学知识溢出为区域创新提供源头支撑

大学作为基础研究、人才培养、科技创新的重要基地，在科技研发、项目攻关中发挥着重要作用，向周边及更大范围形成知识溢出效应，从而不断提升创新研发和关键技术的影响力，为区域建设和创新驱动发展提供人才和科技战略支撑。以上海交通大学为例，截至 2021 年 1 月，该校承担国家自然科学基金项目已经连续 11 年全国第一，关于大学如何向周边及更大范围形成知识溢出效应，时任校长林忠钦院士这样谈道：

"学校打造环交大双创升级版，建设'大零号湾'集聚区。为充分发挥'双创'示范基地的示范、辐射作用，上海交通大学与上海市科委、闵行区建立了由三方主要领导参与的工作机制，在凝聚三方共识的基础上，共同推进'大零号湾创新创业集聚区'建设。'大零号湾'将实施产业开发、形态开发、功能开发等三大核心开发，除了推进成果转化和企业孵化，还将重点布局医疗机器人、人工智能、海洋装备和新材料，兼顾发展其他相关产业，建设组团化的全球科研创新区、新兴产业引领区、现代商业与文创教育服务区、高品质国际生活社区四个功能区，建设'创想600''中法创新园''零号湾'等标杆性的双创空间品牌，实现各功能区在形态、布局、功能、产业上的交织配套、交互融合和集合发展，打造具有标杆意义与品牌效应的高端科技转化应用示范区和战略性新兴产业集聚区，助力上海科创中心建设。"

第二节 中国人工智能创业城市

人工智能最早被写进中国国家层面的政策文件是在 2015 年，就在同一年，每年一届的"全国大众创业万众创新活动周"（简称"双创周"）开始举办。从 2015 年至今，人工智能与创新创业活动交织融汇，就像一支画笔，在中国大江南北描绘丹青。说到疆域色彩，中国古人对土地颜色的分类颇有寓意。在紫禁城内的社稷坛铺设有五色土，按"东、南、西、北、中"五个方位分别填实了"青、红、白、黑、黄"五种颜色的土壤，象征着东边的青蓝大海、南边的红土、西边的白沙、北边的黑土、中间的黄土高原。

无巧不成书，2015 ~ 2019 年的五届"双创周"主会场，也分布在五个方位：北京（2015 年，北部）、深圳（2016 年，南部）、上海（2017 年，东部）、成都（2018 年，西部）、杭州（2019 年，虽然处于华东地区，但在五城中处于中部）。在时空交错的背景下，选取 2015 ~ 2019 年的五个主会场城市——京、深、沪、蓉、杭，借用代表古人五色土寓意的五种颜色——黑、红、青、白、黄，来梳理中国人工智能创业城市的缤纷色彩。

一、五年五城五色土

（一）北京："黑科技"之高地

2015 年 10 月，第一届"双创周"在北京中关村举办，活动主题是"创业创新——汇聚发展新动能"。用北方黑土来寓意北京的人工智能创业，源于北京在人工智能"黑科技"创新方面的领先优势。

"黑科技"一词源于动漫作品，原意是凌驾于人类现有的科技之上的知识，现在已经引申为超越人类传统认知的高新科技或超强科技，而北京在新技术方面的领先优势非常明显。2019 年，北京万人发明专利拥有量为 111.2 件，较 2015 年（61.3 件）增长超过 80%，连续五年在全国位居第一，是全国平均水平的近 10 倍。创新创业的支撑持续增强，全市研发经费超过 1 600 亿元，较 2015 年增长 22%，占 GDP 比重保持在 6% 左右，稳居全国之首。

如今"黑科技"常被用来形容人工智能技术，北京在这一领域的创新创业水平也处于全国高地。北京拥有全国 26% 的人工智能企业和超过 2.5 万件的人工智能专利，具有较好的人工智能产业基础和研发优势。作为国家自主创新示范区，中关村率先发力，开展人工智能政策先行先试，提出对人工智能领军企业实行"一企一策"政策，鼓励与硅谷等国际机构开展合作。2019 年 2 月 18 日，北京国家新一代人工智能创新发展试验区正式成立，这也是国内首个国家新一代人工智能创新发展试验区。科技部 2021 年年初的统计显示，北京人工智能领域有效发明专利居全球首位，建设了一批量子科学、脑科学、人工智能、石墨烯等领域的新兴研发机构，集中了 20 多个国家级重大创新平台，技术合同成交额输出到京外的占 70% 左右，体现了对全国的辐射带动作用。

人工智能"黑科技"作为北京名片的一次重要亮相，是 2018 年 2 月平昌冬奥会闭幕式上惊艳的"北京 8 分钟"。这场演出摒弃人海战术，主打最新科技，引发媒体和公众纷纷细数里面的"黑科技"：世界上最大却又最轻的熊猫木偶、细致到微米的"冰屏"、可以与人共舞的智能机器人、能够帮演员抗寒的石墨烯智能发热服……人工智能已经成为北京展望光明未来的黑色眼睛。

（二）深圳：红火应用场景

2016 年 10 月，第二届"双创周"在深圳南山区深圳湾举办，活动主题是"发展新经济、培育新动能"。用南方红土来寓意深圳的人工智能创业，源于深圳在人工智能落地应用方面的红火场面。

深圳的人工智能初创企业数量众多，有大疆科技、优必选、碳云智能等知名人工智能企业，还坐拥腾讯、华为、中兴等多家开展人工智能颇具规模的成熟企业，独角兽企业也在全国表现抢眼。尤其值得一提的是，深圳人工智能企业百强榜中超七成处于产业链维度分类中的应用层，具体又以智能机器人和智能无人机等智能产品为技术的载体和表现形式。

人工智能之所以在深圳有如此红火的应用，主要是因为深圳在人工智能和机器人密切相关的智能制造、智能汽车、无人机等领域已形成较为完备的产业链，同时，作为深圳支柱产业的高新技术产业、金融业、物流业，更是为人工智能提供了强大的技术及应用层的支持，使人工智能产业能更好地与优势产业结合并加速落地。每届双创周期间，深圳都会搭建本土特色的"双创"国际化展示平台，坚持与各行各业深度融合的方向，让人们近距离体验人工智能等新技术在多元化、多场景中给生活带来的巨大变革。

红色与深圳的渊源，还可以追溯到深圳市花的评选。1986 年，刚成立特区六周年的深圳评选市花，三角梅以高票夺冠。三角梅别名光叶子花，生命力旺盛，适应性强，花期长，遍生于市街乡郊，绚丽多彩、奔放热烈，不仅体现了深圳特区的活力，如今也反映出深圳在人工智能创业领域的红火场面。

（三）上海：青青创客世界

2017 年 9 月，第三届"双创周"在上海杨浦长阳创谷举办，活动主题是"双创促升级、壮大新动能"。用东方青土来寓意上海的人工智能创业，源于上海正在成为人工智能创客和创业企业汇聚、成长的青青世界。

活动周举办地长阳创谷曾经是常年闲置的破旧厂房，从2014年开始更新改造，老厂房注入了新的动能、创造出新的生机，如今摇身一变成为充满活力的创业园区，是国家首批区域性大众创业、万众创新示范基地，也是上海张江国家自主创新示范区（简称张江示范区）的重要承载主体之一。张江示范区曾被视为地处偏远荒凉之地，如今也是青青世界蓬勃发展，有着"中国硅谷"之称，通过人才引进绿色通道、独角兽人才培育工程等一系列优惠措施集结了一批人工智能"先锋力量"。

2018年揭幕的上海张江人工智能岛，位于张江科学城中区，瞄准建成全国首个国家人工智能产业创新发展先导区，与龙头企业共建孵化器、共设投资基金，搭建集创新转型工坊、创新实验室、项目实战空间、应用演进与运营四位一体的人工智能"能力开放工场"。值得一提的是美国硅谷最负盛名的创业孵化器——Plug and Play公司（简称PNP）在2019年4月宣布其在中国的长三角区域总部将正式落户上海张江科学城并在第四季度投入运营，通过搭建完整的科技创新生态体系，发现、培育和投资独角兽企业。

上海正在将各个区域规划成人工智能发展的青青世界。有研究报告显示，未来上海市人工智能规划主要分布在8个区域、11个行业，其中，长宁区主要发展智能识别和智能零售；徐汇区主要发展智能医疗、智能新品设计和智能安防；闵行区主要发展智能识别和智能医疗；松江区主要发展智能制造和类脑智能；宝山区主要发展智能硬件；杨浦区主要发展智能教育和智能识别；普陀区主要发展智能安防和智能硬件；浦东新区主要发展智能芯片设计、智能语音识别和智能制造。

（四）成都：白手起家沃土

2018年10月，第四届"双创周"在成都高新区菁蓉汇举办，活动主题是"高水平双创 高质量发展"。用西方白土来寓意成都的人工智能创业，源于作为西部内陆城市的成都能够在技术创新时代白手起家、百尺竿头，成为人工智能创业的沃土。

如今的成都在创新创业领域表现不俗。中国发展研究基金会联合普华永道发布的《机遇之城2018》研究报告中，成都的创业环境和创新应用等多项指标在包括北京、上海、广州等在内的26座城市中处于领先地位，经济影响力各项指标排在第三位，占比2.08%的海外人才分布比例在国内"新一线城市"中最高，特别是在"互联网+"这一项指标直接问鼎全国第一，有着"游戏第四城""文创第三城""手游之城"的美誉。2021年，成都优化调整产业功能区，提出建设国际影响力的人工智能产业生态圈。

人工智能创业方面成都也一路向前，成为成渝地区双城经济圈极核城市，定位国家中心城市。国家超算中心在此布局，全市《智慧园区顶层设计规范》计划到 2022 年建成国家级人工智能产业创新示范区，打造最具行业融合特色的"中国智谷"、国际知名的工业智联网典范城市、世界一流智能无人机和车联网基地。

从第四届全国"双创周"主会场所在地"菁蓉汇"的名称由来也可以看出白色的包容之处和生命活力。这三个字是从三千多名青年的建议中提炼而来："菁"取精华、纯粹之意，"蓉"是成都简称，"汇"反映了草根创业、扎根抱团，形成创新创业燎原之势。

这种从无到有的汇集力量，与成都的蚕丝文化也一脉相承。古蜀文明与华夏文明、良渚文明共同构成中国上古三大文明，以蚕丝文明为标志，体现了一种原生态、原创性文化，具有极强的生命力，注重多元文化有机融汇，对中国传统文化产生了非常大的影响。有理由相信，成都会延续这种文化基因，像白色蚕丝织出多彩蜀锦一样，也能成为人工智能创新创业的"天府之国"。

（五）杭州：黄金时代重镇

2019 年 6 月，第五届"双创周"在杭州梦想小镇举办，活动主题是"汇聚双创活力，澎湃发展动力"。用中部黄土来寓意杭州的人工智能创业，源于杭州在中国人工智能创业黄金时代的重要地位，虽然不在地理位置上处于中部，但杭州在中国人工智能创业版图中却是黄金热土高坡。

赛迪顾问《中国人工智能城市发展白皮书》对近 40 个人工智能重点城市进行了评价，评价体系包括：政策环境、科研能力、产业水平、资本环境四个一级指标，专项政策、重点实验室、龙头企业、投融资活跃度等 10 个二级指标，以及 30 个三级指标。杭州超越深圳，进入人工智能发展前三名"新一线"队伍（前两位是北京和上海）。

位于杭州未来科技城的人工智能小镇在 2017 年 7 月开园，设立 30 亿元专项基金扶持创业者，创新工厂 40 亿元基金落户下城区，浙江省设立 10 亿元人工智能人才产业发展母基金，5 000 万元人工智能天使基金，重点支持人工智能领域，以及青年人才和初创企业。同时，杭州大批科技企业建立了自己的实验室，如阿里巴巴 AI Lab、阿里达摩研究院、科大讯飞杭州人工智能研究院等，并与首批四个国家新一代人工智能开放创新平台中的两个高度关联：依托阿里云公司建设城市大脑平台、依托科大讯飞公司建设智能语音平台，不仅是互联网创业首选地和创新资本集聚高地，也成为人工智能创业重镇。

2019 年全国"双创周"亮相梦想小镇的两个活动周吉祥物"壮壮""杭杭"，也与黄金色有联系。以稀有、勤劳、进取的独角兽为原型的"壮壮"，已经是双创活动周的老朋友；而 2019 年代表杭州亮相的金鱼吉祥物"杭杭"，设计灵感源于西湖十景之一

的 "花港观鱼"，金鱼在寓意和形象上都很符合杭州的城市特点，有生财、招财之意，更象征创业者永不停歇的开拓与发展。

二、下一站坐标

京、深、沪、蓉、杭，是 2015 ~ 2019 年全国 "双创周" 主会场城市，虽然在人工智能创业领域也具有代表性，但是否稳坐中国人工智能创业城市前五把交椅，可能其他城市还有话说。

北方，毗邻北京的天津，在 2019 年 5 月下旬举办了第三届世界智能大会，而这个大会作为智能科技领域全球首个大型高端交流平台，已在天津举办了三次，并且每一次都是盛况空前。错过了互联网发展浪潮天津正在人工智能创新创业领域发力，专业众创空间数量达到全国第二，在《2019 世界智能制造中心城市潜力榜》中更是位列全球 50 强榜单第十名，潜力值超越北京，智能制造业正在全球范围内崛起。

南方，广州与深圳的人工智能高地争夺战也已打响。广东省规划在广州重点建设南沙国际人工智能价值创新园、黄埔智能装备价值创新园、番禺智能网联新能源汽车价值创新园。虽然深圳在经济、科技和资本的优势使其创新创业高度、速度拥有一个较高的起点，但深圳在高校方面的学术能力还有待加强，而广州相对来讲拥有较好的高校资源，广州南沙近年来围绕人工智能进行战略布局，从人才引进培养到技术发展落地都取得了不错的成绩，大有赶超深圳之势。

东部，GDP 位居前三的中国第一制造大省江苏省并不甘居后，人工智能创业城市发展表现突出。江苏目前也是我国人工智能产业创新发展的重要基地之一，在语音识别、图像识别、智能机器人、智能传感器、智能芯片等领域突破了一批关键核心技术，在智能制造、智慧医疗、智慧教育等领域，探索了一批具有示范引领作用的典型应用场景，在南京、苏州、常州等地区，形成了具有一定规模的人工智能产业集聚区。

西部，重庆和西安也都有挑战成都的人工智能 "杀手锏"。重庆已在 2016 年年底启动了高新区和九龙坡区全域建设人工智能城市的策划，还拥有人工智能 "国家队" 云从科技等创业企业，建设 "人工智能基础资源公共服务平台" 项目，参与多个人工智能国家标准、行业标准的制定。志在打造硬科技之都的西安，自然不会错过人工智能这个良机，已将发展机器人产业作为培育发展新动能的重要战略手段，除了良好的工业底蕴和配套设施，拿出 50 亿元规模的机器人产业发展基金也足见其诚意。

中部，面对人工智能带来的城市发展进步的创新引擎，实际地处华中地区的武汉和长沙等城市自然也有话说。武汉在 2017 年出台了全国首个区域性《促进人工智能产业发展的若干政策》，拥有 "中国光谷" 之称的东湖高新区人工智能产业要在核心领域取得重大突破、形成全国领先的人才培养基地、产业竞争力进入国内第一方阵。处于追赶者地位的长沙，也不断亮出高招，先后出台人工智能产业发展政策、成立我国首个省级人工智能专业研究机构，抢占人工智能和智能网联汽车产业高地。

　　放眼望去，中国人工智能创业城市正在遍地开花，五种颜色花落谁家，似乎难分高下。不过，五色土所代表的不只是五片区域，而是整个江山社稷。其实，以上城市各有特色，"黑科技、红火应用、青青创客、白手起家文化、黄金价值"，并非专属某个城市，而是人工智能创业的一些重要维度——技术研发、应用场景、创新人才、创业文化、价值创造。这样看来，五色土可以演变为五角雷达图（见图 8-1），为更多的城市提供人工智能创业的定位和发展坐标，从而能让更多力量汇聚、更多颜色融入，让中国的人工智能创业画卷更加丰富多彩。

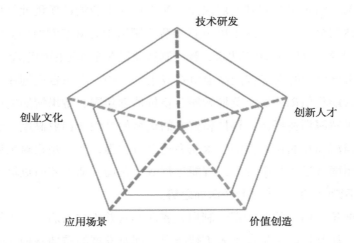

图 8-1　人工智能创业城市分析的五角雷达图

第三节　人工智能区域发展新格局

一、区域创新的协调发展

（一）区域创新中的"胡焕庸线"

　　人工智能创新创业在推动区域创新发展的同时，还需要谨防一条线——"胡焕庸线"。这是中国地理学家胡焕庸在 1935 年提出的划分我国人口密度的对比线，也被称为"黑河（黑龙江）–腾冲（云南）线"，即该线两侧人口疏密悬殊，东南侧土地面积约占全国面积的 36%，而人口却占全国总人口的 96%；西北侧土地面积约占全国面积的 64%，人口仅占全国的 4%。经过中国近百年的区域发展，这条线像"魔咒"般没有变化，不仅区隔了人口分布，也在预言各种经济现实，被评为 30 项"中国地理百年大发现"之一。令人唏嘘的是，在中国区域人工智能发展版图上，这条线依然"岿然不动"。

以 2019 年 6 月发布的《世界智能制造中心发展趋势报告（2019）》为例，该报告指出在全球城市竞争中，智能制造正在成为重塑世界各城市产业竞争力的关键因素，并勾勒了中国 537 家智能制造产业园的分布，提出中国的"智能制造产业带"正在初步形成。基本上所有的样本智能制造园区都分布在"胡焕庸线"以东的地区，"胡焕庸线"以西的地区智能产业园区数量极少，尽管在新疆、甘肃、内蒙古等省、自治区有零星分布，但占比只有 3% 左右，与"胡焕庸线"两侧的人口分布比例基本吻合。

近年来，不少研究围绕"胡焕庸线"问题进行探讨，无论研究结果是积极主张还是消极结论，形成的共识在于，人工智能时代突破"胡焕庸线"依然面临诸多挑战，但更充满创新机遇，尤其是在中国"十四五"新征程的关键时期，面临跨越"中等收入陷阱"的历史任务，如何解构"胡焕庸线"，对实现区域创新的协调发展意义重大。

虽然"胡焕庸线"两侧的经济地理要素问题尚未根本解决，但是在人工智能时代可以从以下四个方向对其进行反思和重塑。一是从劳动人口来看，人工智能技术创新发展，使劳动力数量多和成本低不再是吸引产业区位选择的核心要素，"胡焕庸线"两侧的人口差距并非等同于人工智能技术创新差距。二是从自然条件来看，人工智能技术引发的无人经济、智慧生产和生活方式变革，使环境条件不再是决定产业区位选择的客观要素，"胡焕庸线"两侧的自然资源禀赋差异难以决定人工智能技术创新水平高低。三是从产业边界来看，人工智能赋能百行千业的渗透性和无形性特点，使地理边界不再是区隔智能技术知识流动的壁垒，"胡焕庸线"两侧的产业结构和分工可以进行动态调整。四是从空间布局来看，人工智能集聚效应有必要由点及面，即从以少数城市为中心的集中式布局，转向以城市群、网络化、分布式为模式的布局，通过推动"胡焕庸线"两侧的产城分离减轻"大城市病"等不协调问题。

（二）创新发展与协调发展的协同

党的十九届五中全会提出，要"推动区域协调发展"，虽然各地自然条件和发展基础差异较大，但统筹区域发展是始终需要高度关注的重大问题。目前，京津冀协同发展、长江经济带发展、粤港澳大湾区建设、长三角一体化发展、黄河流域生态保护和高质量发展等区域重大战略，使经济布局持续优化，区域发展协调性不断增强。不过，区域发展不平衡是普遍的，要在发展中促进相对平衡，这是区域协调发展的辩证法。

从区域产业角度看，在创新发展过程中实现协调发展要做好不同区域产业之间的协同。一方面，东部继续发挥引领作用，实现产业升级，加快融入全球产业价值链，因此需要支持发达地区和中心城市进一步强化国际竞争优势，提高创新能力和水平，加快迈向全球产业链中高端，引领产业发展方向，成为我国参与国际竞争的主体区域。另一方面，中西部加快完善基础设施建设，提高人力资本投资和科技研发投资，实现产业转型升级，构建现代化的产业体系，因此需要帮助欠发达地区补短板、强弱项，进一步集聚高质量发展要素，逐步融入全球产业分工体系，释放发展潜力，获得发展空间。

从区域生态角度看，在创新发展过程中实现协调发展要做好经济社会与生态环境之间的协同。不容忽视的现实是，中西部为了缩小与东部差距，将承接东部产业转移作为发展战略的一部分，比如东部一部分高污染、高耗能企业向中西部地区转移，但是这并不利于经济的长期可持续发展。这就需要提高绿色技术创新能力，发展绿色产业，培育新的经济增长点，同时，提高传统技术创新能力，开发新能源，提高生产效率，减少生产投入，实现传统产业的绿色生态转型。

总体而言，为了实现区域创新发展与协调发展的协同性，要建立完备的统筹机制，形成优势互补的技术创新产业链条，建立各区域共享信息平台，细化各区域在产业、土地、环保、人才、资源等方面的信息，提高区域间分工合作的精准性、有效性。

· 软思想 ·

人工智能推动可持续发展

2020 年年初，中国工业和信息化部指导下的"新一代人工智能与可持续发展目标"（AI for SDGs）研究项目，评估了人工智能对实现联合国可持续发展目标的作用，通过这项研究的部分结论可以发现人工智能创新发展对全球社会和生态等多领域可持续发展的积极作用。

在社会领域中有 67 项细分目标（占比达 82%）可以从人工智能中获益。如目标 4（优质教育）、目标 6（清洁水源与环境）、目标 7（可持续能源）、目标 11（可持续宜居城市）。例如，人工智能既可以助力低碳系统城市的创建，实现可持续能源、可持续宜居城市和气候变化应对等目标。在智慧城市或循环经济中实现更高效的资源利用，或者促进自动驾驶汽车与智能家电的快速发展。此外，人工智能可整合多重形态的可再生能源，通过智能电网将部分电力需求与光能、风能相匹配，以此持续改善全球能源利用效率。

在环境领域中有 25 项细分目标（占比达 93%）可以从人工智能中获益。用以持续改善生态系统。例如，人工智能可以通过大规模数据分析来制定出统一协调的联合环保行动。就目标 13（应对气候变化）而言，有证据表明人工智能的进步将帮助人们加深对气候变化的理解，促进对气候变化影响的建模工作。此外，人工智能也将提升低碳能源系统和高度集成的可再生能源系统效率，满足气候变化所需。就防治荒漠化、恢复破坏植被而言，利用神经网络等相关技术，可以提高卫星图像识别速率，及时提供荒漠化蔓延态势，为后续绿色治理提供帮助。

二、人工智能创新创业的"双循环"新发展格局

（一）"双循环"新发展格局

2020 年 7 月 21 日，习近平总书记在企业家座谈会上指出："面向未来，我们要逐步形成以国内大循环为主体、国内国际双循环相互促进的新发展格局。"这一指示要求为我国经济发展指明了方向，也为人工智能创新创业的新发展格局明确了任务。

以国内大循环为主体，要求集中力量办好自己的事，充分发挥国内超大规模市场优势，通过繁荣国内经济、畅通国内大循环为我国经济发展增添动力，带动世界经济复苏；国内国际双循环相互促进，要求在以国内大循环为主体的同时，不能关起门来封闭运行，而要通过发挥内需潜力，使国内市场和国际市场更好联通，更好地利用国际国内两个市场、两种资源，实现更加强劲可持续的发展。两个方面各有侧重、缺一不可，共同构成新发展格局的完整内涵。

但是，构建双循环新发展格局并非易事，区域创新发展和协调发展过程中依然存在一些明显问题。一是知识转化链条亟待完备、应用效率仍需提升，创新发展离不开资本、土地、劳动、技术、知识和数据等生产要素的充分流动，特别是新知识转化亟待高效循环运行，如果技术市场发育不完善，那么就会影响新知识流动，导致数字孤岛现象，难以满足经济高质量发展对新技术创新的需要。二是产业链、供应链循环尚有阻滞风险，尤其是面临一些发达国家对中国高科技企业的围堵和打压，迫切需要产业链、供应链环环相扣，上下游高效联动。

· 硬科技 ·

数字贸易成为"双循环"加速器

数字贸易是数字技术与经济社会深度融合、共同演进的产物，在促进跨界融合、聚合创新资源、激活创新动能、营造行业生态等方面能够发挥不可替代的作用，正在成为推动中国对外开放向格局更优、层次更深、水平更高方向发展的重要抓手。2019 年，全球公有云服务市场规模同比增长 26%，全球服务贸易中一半以上已实现数字化。2020 年，新冠疫情的蔓延使国际贸易面临严峻挑战，数字化成为降低疫情影响、对冲经济下行的希望所在。

数字贸易一方面能够通过数据流动，加强各产业间知识和技术要素的共享，引领各产业协同融合，带动传统产业数字化转型并向全球价值链高端延伸；另一方面，数字技术能够带来颠覆性创新，催生大量贸易新业态新模式，整体大幅提升全球价值链地位。推动数字贸易发展，不仅需要破除技术限制，还要努力消除人为壁垒和障碍，共同创造包容开放的合作环境。

（二）人工智能创新创业助力"双循环"

人工智能创新创业活动在"双循环"中表现亮眼。中国信息通信研究院发布的《中国数字经济发展白皮书（2020）》表明，2019 年我国数字经济增加值在 GDP 中的比重为 36.2%，对 GDP 增长的贡献率为 67.7%，特别是 2020 年数字经济为我国新冠疫情的有效防控作出了重要贡献，从数字经济发展及其所表现出的能效来看，数字经济可以成为推动我国经济"双循环"新发展格局的重要抓手。其中，具有代表性的是人工智能对新基建的支撑作用以及带来的辐射带动效应。

目前，中央对加快新型基础设施建设进度接连做出重要部署，多地推出了许多投资和建设计划，科技行业特别是数字型科技公司纷纷参与新基建。新基建主要指以5G、数据中心、人工智能、工业互联网、物联网为代表的新型基础设施，本质上是信息数字化的基础设施。基础设施是经济社会活动的基础，具有基础性、先导性和公共性的基本特征，对区域国民经济创新和协调发展至关重要。

新基建是对基础设施的创新，可以推动创造新服务、新业态。它可以改变科学研究、研发设计、供应链协同的基本模式。比如，在生产过程中建立基于数据创造的新价值网络，可以实时把消费者需求传递给生产侧。这种数字基础设施可大幅提升全要素的经济效益，从而促进"双循环"新发展格局的快速形成和发展，同时还将推动基础研究的深入，促使云计算、人工智能的算法、芯片等领域取得更多成果，有助于科技领域补上短板。

| 他山石 |

印度人工智能发展概览

20世纪90年代初，印度经济向外国投资开放，经过近30年发展，印度已经拥有世界第三大创业公司生态系统，平均每天有三到四家创业公司在印度诞生。尽管印度目前在人工智能方面还落后于许多其他G20国家，但是随着政府对人工智能技术创新的重视，印度人工智能发展水平有了显著增长。印度政府于2015年发布了"数字印度"（digital India）战略。此项战略目的在于为农村地区提供高速互联网网络，以单独的数字基础设施作为核心工具，建设数字化社会。2017年，印度政府特别组建了一支人工智能工作组。2018年2月，印度电子和信息技术部成立了四个委员会来起草人工智能的政策框架。2018年6月，印度政府智囊团印度国家转型研究所发布了《国家人工智能战略》报告，指出通过整合人工智能可以为印度的经济增加1万亿美元。

当前，印度人工智能项目大多都来自政府在农业和医疗保健领域的试点项目，以及在班加罗尔和海得拉巴等城市出现的人工智能初创公司。以精准农业为例，印度政府在15个区县开展了概念验证试点，利用基于卫星图像、天气数据等实时咨询的人工智能技术，在农业生产水平较低的地区提高农业产量。再以医疗保健为例，由于病理学家和放射科医生在印度相对较少，特别是在农村地区极为匮乏，这些应用可以通过图像识别人工智能来增强，由此来提高现有病理学家和放射科医生的工作效率。

思考讨论

人工智能与区域可持续发展

人工智能可以提升低碳能源系统和高度集成的可再生能源系统效率，满足气候变化所需。不过，人工智能目前也难以克服资源不均问题，因为先进的人工智能技术、研究和产品需要大量的计算资源，继而产生巨大能源需求，而上述资源只有通过大型计算机中心才能获得。美国麻省理工学院研究团队2020年的一篇论文中提到，发达国家创造的以比特币为代表的加密货币应用产生的全球用电量，与部分发展中国家全国的电力需求一样多，这就反映出人工智能创新发展与区域可持续发展之间尚存矛盾之处。

请了解有关"碳达峰""碳中和"的资料，选取中国典型城市或区域，分析当地的成功做法或存在问题，并开展区域之间的比较，探讨如何实现人工智能创新发展与区域可持续发展的协同。

■ 本讲概要

▶ 技术治理与制度政策

▶ 人工智能治理政策

▶ 人工智能与创新创业的中国政策

▶ 人工智能与创新创业的政策交会

▶ 人工智能创新创业的治理创新

第 九 讲

人工智能与治理创新

中国风 · · · 大国之治

"治大国如烹小鲜"出自《道德经》，强调大国之治不能随意，而要得当，丝毫不能懈怠，丝毫不能马虎，要精心周到、统筹兼顾，使政策措施惠及每一个人。中国幅员辽阔，人口众多，70 多年来不断推进社会管理、社会治理创新。立足中华民族伟大复兴战略全局和世界百年未有之大变局，要心怀"国之大者"，强化责任担当，咬定青山不放松，脚踏实地加油干。

人工智能技术创新发展也离不开治理创新的支持助力。伴随智能时代的到来，科技的正负效应都在不断强化，形成巨大的张力，亟待全新治理理念和治理形式。中国作为全球发展人工智能技术行动最早、动作最快的国家之一，瞄准发展、研判大势，主动谋划、抢占先机，积极探索人工智能全球治理的"中国方案"，促进人工智能技术、产业和治理的良性发展，建设有人文温度的智能社会。

第一节　技术治理与制度政策

一、技术治理与人工智能

（一）技术治理

治理技术是把技术当作实现某种目的的方法或手段，而人是创制和使用技术的主体，也是社会治理的唯一参与者。这种模式只是把技术作为人支配的对象，而人在技术的研发、使用和后果评估等环节对其进行监督与治理。但是，这种模式难以应对当今高新技术所引发的一系列伦理问题甚至社会政治难题。尤其是当代信息技术与智能技术的广泛推进与应用，技术嵌入治理即通过技术进行治理逐渐从理论上升到实践，技术不仅仅是被治理的对象，而且能够在治理活动中扮演重要角色，可被看成是治理的重要参与者和实践节点。

技术治理意味着技术能够帮助人们更好地对社会和技术本身进行治理，通过把科技嵌入治理活动中，实现人与技术相互构成的共同治理。技术治理将引发国家治理形态的根本变迁，并具备建构人类社会新型治理形态的可能。当下学术界对技术治理的探讨主要是从大数据对人与商业隐私的侵犯以及政府大数据开放不足等伦理视角进行分析，也有通过技术与治理的结合以及技术赋能的方式，探讨技术治理的目标、结构与功能；还有学者对技术嵌入不同应用场景而形成的技术治理机制、治理结构、治理形态、治理功效不断进行系统探讨和综合评估，以期提炼技术治理所建构的新型治理范式、治理形态。

· 冷知识 ·

技治主义

技治主义（technocracy）又被称为技术专家治国论、技术统治论等，其核心是主张社会行动应由精通现代科学技术的专家进行决策，要求将政治治理转变为一种专家操作，乃至实现国家的非政治化的哲学理念。技治主义作为一种社会思潮，经由 20 世纪三四十年代美国的技治主义运动在全球范围内广泛传播，对现代国家治理体系、现代社会组织模式产生了深刻的影响。

当前，有人提出技治主义已经过时。例如，有人认为技治主义更像是一种专家寡头基于垄断性知识所进行的封闭决策，削弱了普通公民的政策话语权，由此导致其对前者认可度的降低。再如，有人指出技治主义适用于工业社会，而在科学祛魅化的今天，科学不再意味着普遍性的真理知识，随之科学技术专家也不再被视为真理的代言人。不过，也有学者为技治主义辩护，认为技治主义并不必然与民主和公共舆论相矛盾；相反，技治主义恰恰可以通过公共领域中的交往理性行动重塑自身并回应民主与公共领域的诸多议题。在崇尚科学精神的今天，关于技治主义的很多问题仍有待进一步的探究。

（二）人工智能治理

人工智能技术创新驱动政府治理的变革创新。随着经济社会的快速发展，数据爆炸与信息处理能力、政府公共服务能力与公共需求之间的张力日渐凸显。而全能政府模式容易导致机构臃肿、效率低下，使政府承载着更为繁重的治理压力，要有效解决这些问题，需政府重构治理模式。人工智能技术蕴藏的强大理性价值，有助于优化政府治理结构、革新政府治理理念、助力高效公共服务、推动精准化管理，使政府治理更敏锐与精细，契合了政府治理变革现实需求。因此，人工智能技术嵌入政府治理，有助于政府运用数据挖掘、存储和可视化等智能技术，简化社会治理复杂性，驱动政府治理转型。

当前，世界各国政府都陆续出台了相关政策以推动并规范人工智能的发展。美国颁布了《国家人工智能研究和发展战略规划》《为人工智能的未来做好准备》两个国家级政策框架；日本出台了《第五期科学技术基本计划（2016—2020）》，提出了超智能社会5.0的概念；英国政府发布了《人工智能：未来决策制定的机遇与影响》；法国发布了《法国人工智能战略》；我国也发布了《新一代人工智能发展规划》等相关政策。不同国家对于人工智能发展的态度不同，但都高度关注人工智能的社会影响与治理问题。

通过对世界主要国家或地区已经颁布的人工智能相关政策进行梳理，发现多项政策均有涉及推进人工智能技术在商业领域实现落地的内容。其中，美国、英国、欧盟等国家和地区的政策倾向于鼓励企业逐步采用人工智能技术，但并未说明具体涉及的领域。相比而言，我国出台的政策则更为具体，指出了技术重点落地的一些领域，注重人工智能与传统产业的深度融合。

· 硬科技 ·

城市大脑

"城市大脑"希望解决城市发展和进化中的基本问题，也是全球城市共同面临的问题，比如说交通问题。在阿里云创始人、杭州市"城市大脑"总架构师、中国工程院院士王坚看来，城市的发展不只需要水、电和道路这些资源，还需要非常重要的新资源——数据。"城市大脑"就是未来数据资源时代的城市数字基础设施，用计算能力和数据价值造福每一个家庭，让更多的人更幸福地生活在城市里，免受堵车等城市病的困扰。2019年9月30日，杭州"城市大脑"的数字驾驶舱正式上线，包括四个最重要的组成部分：市级的中枢系统、部门的系统及区县的平台、各级的数字驾驶舱以及不同的便民服务场景，在杭州形成了一个整体，让城市的数据资源系统地服务于城市的运行。未来的城市大脑会使便民服务更加精准、城市治理更加精细，为世界城市的可持续发展探索出一条有借鉴意义的道路。

二、制度政策与人工智能

（一）制度政策

制度环境由三个核心维度构成，分别是规制维度、认知维度和规范维度：规制维度由法律、规章和政府政策等促进和限制行为的制度构成；认知维度由人们所拥有的知识和技能构成，表现在一定区域内专业知识体系的制度化，以及特定信息成为共享的社会知识的一部分，如在一些国家创办新企业的知识被广泛传播，而在另一些国家人们却缺少相关的甚至是最为基础的知识技能；规范维度的制度环境，反映的是社会公众对创业活动、价值创造以及创新思想的尊重程度，社会文化、价值观、信仰和行为准则都与这一维度有关。

公共政策是掌控权力、资源的公共权威机构为解决某个公共问题、满足某项公共需求或化解某种公共危机而对利益、资源、价值甚至权力进行分配或再分配的过程和机制。公共政策是政府治理的有效工具和主要手段，政策治理是现代社会政府治理的常态模式，政策科学性、合理性和合法性影响政策治理的绩效和功能。从产业政策来看，诺贝尔经济学奖得主约瑟夫·斯蒂格利茨论证了产业政策在经济学理论中的依据，即"看不见的手"不存在，市场失灵比比皆是，而弥补或矫正市场失灵的需要也就应运而生；原则上政府可以扮演这个角色，也有可能把这个角色演好。

人工智能产业发展离不开政策支持，需要有创新发展的助力性环境。助力性环境是指在知识溢出的基础上，能产生出大量机会的一种环境，包括基础设施、资本市场以及对创新企业的激励等助力性要素，体现着制度政策对创业活动质量的提高。这种政策效果对于以人工智能为代表的技术创新驱动的创业更加重要，换言之，追求创新的创业者以及致力于引进新产品、新服务和新流程的创业企业受到助力性政策环境的影响更大。究其原因，一方面在于新兴产业的发展以及已有产业的升级都同创新有关，而新知识的产生和传播都具有公共物品的特征，创新过程本身也充斥着市场失灵，这就为产业政策的必要性提供了理论基础。另一方面，产业政策在施政方式方面也有必要进行创新，最为关键的是如何辨识产业发展中的新市场失灵，并找到适当的方法来弥补并矫正市场失灵。

（二）中国人工智能政策

人工智能最早写进中国政府政策是在 2015 年，自此以后，人工智能越来越多地出现在国家和地方等各层级的政策当中，以下是按照年份梳理的一些国家层面重要的人工智能政策，并根据政策内容提炼了阶段性特征。

一是政策起步阶段，用人工智能为传统领域做加法。

2015 年 4 月，中共中央办公厅、国务院办公厅印发《关于加强社会治安防控体系建设的意见》，要求"提高社会治安防控体系建设科技水平"，提道：充分运用新一代互联网、物联网、大数据、云计算和智能传感、遥感、卫星定位、地理信息系统等技术。

2015 年 5 月，国务院提出加快推动新一代信息技术与制造技术融合发展，把智能制造作为两化深度融合的主攻方向，着力发展智能装备和智能产品，推动生产过程智能化。

2015 年 7 月，国务院印发了《关于积极推进"互联网+"行动的指导意见》，将人工智能作为主要的十一项行动之一，明确提出依托互联网平台提供人工智能公共创新服务，加快人工智能核心技术突破，促进人工智能在智能家居、智能终端、智能汽车、机器人等领域的推广应用；进一步推进计算机视觉、智能语音处理、生物特征识别、自然语言理解、智能决策控制以及新型人机交互等关键技术的研发和产业化。

二是政策承接阶段，用人工智能为科技和市场融合做催化。

2016 年 1 月，国务院发布《"十三五"国家科技创新规划》，将智能制造和机器人列为"科技创新 2030 项目"重大工程之一。

2016 年 3 月，国务院印发《国民经济和社会发展第十三个五年规划纲要（草案）》，人工智能概念进入"十三五"重大工程。

2016 年 5 月，国家发展改革委、科技部、工业和信息化部、中央网信办发布《"互联网＋"人工智能三年行动实施方案》，明确提出到 2018 年国内要形成千亿元级的人工智能市场应用规模。方案确定了在六个具体方面支持人工智能的发展，包括资金、系统标准化、知识产权保护、人力资源发展、国际合作和实施安排。方案确立了在 2018 年前建立基础设施、创新平台、工业系统、创新服务系统和 AI 基础工业标准化这一目标。

2016 年 7 月，国务院发布《"十三五"国家科技创新规划》，提出要大力发展泛在融合、绿色宽带、安全智能的新一代信息技术，研发新一代互联网技术，保障网络空间安全，促进信息技术向各行业广泛渗透与深度融合。同时，研发新一代互联网技术以及发展自然人机交互技术成首要目标。

2016 年 9 月，国家发展和改革委员会印发《国家发展改革委办公厅关于请组织申报"互联网＋"领域创新能力建设专项的通知》，提到人工智能的发展应用问题，为构建"互联网＋"领域创新网络，促进人工智能技术的发展，应将人工智能技术纳入专项建设内容。

三是政策转向阶段，用人工智能为产业转型做引领。

2017 年 3 月，人工智能首次被写入政府工作报告。李克强总理在政府工作报告中提到，要加快培育壮大新兴产业，全面实施战略性新兴产业发展规划，加快人工智能等技术研发和转化，做大做强产业集群。

2017 年 7 月，国务院发布《新一代人工智能发展规划》，明确指出新一代人工智能发展分"三步走"的战略目标，到 2030 年使中国人工智能理论、技术与应用总体达到世界领先水平，成为世界主要人工智能创新中心。

2017 年 10 月，人工智能被写进党的十九大报告，报告明确指出将推动互联网、大数据、人工智能和实体经济深度融合。

2017 年 12 月，工业和信息化部印发《促进新一代人工智能产业发展三年行动计划（2018—2020 年）》，作为对同年 7 月发布的《新一代人工智能发展规划》的补充，详细规划了人工智能在未来三年的重点发展方向和目标，对每个方向的目标都做了细致量化。

四是政策合力阶段，为人工智能应用落地助力。

2018 年 3 月，人工智能第二次被写入政府工作报告。报告在深入供给侧结构性改革部分强调，发展壮大新动能，实施大数据发展行动，加强新一代人工智能研发应用，在医疗、养老、教育、文化、体育等多领域推进"互联网＋"；发展智能产业，拓展智能生活。

2018 年 4 月，教育部发布《高等学校人工智能创新行动计划》，提出引导高校瞄准世纪科技前沿，到 2020 年建立 50 家人工智能学院、研究院或交叉研究中心，不断提高人工智能领域科技创新、人才培养和国际合作能力。

2018 年 4 月，工业和信息化部、国家发展和改革委员会、财政部三部委联合印发《机器人产业发展规划（2016—2020 年）》，提出五年内形成我国自己较为完善的机器人产业体系，而且下一阶段相关产业促进政策将着手解决两大关键问题：一是推进机器人产业迈向中高速发展；二是规范市场秩序，防止机器人产业无序发展。

2018 年 11 月，工业和信息化部发布《新一代人工智能产业创新重点任务揭榜工作方案》，通过开展人工智能揭榜工作，征集并遴选一批掌握关键核心技术、具备较强创新能力的创新主体，在人工智能主要细分领域，选拔领头羊、先锋队，按照"揭榜挂帅"的工作机制，突破人工智能产业发展短板瓶颈，树立领域标杆企业，培育创新发展的主力军，加快我国人工智能产业和实体经济深度融合，促进创新发展。

五是政策升级阶段，为人工智能创新发展布局。

2019 年 3 月，人工智能连续第三年出现在政府工作报告中，而且相比 2017 年、2018 年的"加快人工智能等技术研发和转化""加强新一代人工智能研发应用"，2019 年政府工作报告将人工智能升级为"智能＋"，提出打造工业互联网平台，为制造业转型升级赋能；促进新兴产业加快发展，深化大数据、人工智能等研发应用，培育新一代信息技术、高端装备、生物医药、新能源汽车、新材料等新兴产业集群，壮大数字经济。

2019 年 3 月，中央全面深化改革委员会审议通过了《关于促进人工智能和实体经济深度融合的指导意见》，着重强调坚持以市场需求为导向，以产业应用为目标，深化改革创新，优化制度环境，激发企业创新活力和内生动力，结合不同行业、不同区域的特点，探索创新成果应用转化的路径和方法，构建数据驱动、人机协同、跨界融合、共创分享的智能经济形态。

2019 年 6 月，国家科技体制改革和创新体系建设领导小组领导下的国家新一代人工智能治理专业委员会，发布了《新一代人工智能治理原则——发展负责任的人工智能》，旨在更好地协调人工智能发展与治理的关系，确保人工智能安全可控可靠，推动经济、社会及生态可持续发展，共建人类命运共同体，强调了和谐友好、公平公正、包容共享、尊重隐私、安全可控、共担责任、开放协作、敏捷治理共八条原则。

第二节　中国创新创业政策

一、中国创新创业政策回顾

在中国政府网站的国务院政策文件库中，专门有"双创"版块的政策汇总和解读，截至 2021 年 1 月，国务院发布"双创"文件 83 份、国务院部门发布"双创"文件 155 份，为此，选取 83 份国务院"双创"文件中的国发文件 17 份，从科技导向和社会导向两个视角按照时间顺序梳理如下：

（一）科技导向视角

2013 年 5 月 30 日，《国务院关于印发"十二五"国家自主创新能力建设规划的通知》：国家技术转移示范机构、国家大学科技园、生产力促进中心和科技孵化器等科技中介服务机构不断壮大，分别达到 134 家、86 家、2 200 多家和 1 000 多家，创新创业服务能力明显提升。

2015 年 1 月 30 日，《国务院关于促进云计算创新发展 培育信息产业新业态的意见》：云计算的全新业态是信息化发展的重大变革和必然趋势。发展云计算，有利于分享信息知识和创新资源，降低全社会创业成本，培育形成新产业和新消费热点，对稳增长、调结构、惠民生和建设创新型国家具有重要意义。

2016 年 4 月 15 日，《国务院关于印发上海系统推进全面创新改革试验 加快建设具有全球影响力科技创新中心方案的通知》：基本形成适应创新驱动发展要求的制度环境，基本形成科技创新支撑体系，基本形成大众创业、万众创新的发展格局，基本形成科技创新中心城市的经济辐射力，带动长三角区域、长江经济带创新发展，为我国进入创新型国家行列提供有力支撑。

2016 年 8 月 8 日，《国务院关于印发"十三五"国家科技创新规划的通知》：以科技创新为核心的全面创新，着力增强自主创新能力，着力建设创新型人才队伍，着力扩大科技开放合作，着力推进大众创业万众创新，塑造更多依靠创新驱动、更多发挥先发优势的引领型发展，确保如期进入创新型国家行列。

2016 年 9 月 18 日，《国务院关于印发北京加强全国科技创新中心建设总体方案的通知》：建设协同创新平台载体，围绕钢铁产业优化升级共建协同创新研究院，围绕大众创业万众创新共建科技孵化中心，围绕新技术新产品向技术标准转化共建国家技术标准创新基地，围绕首都创新成果转化共建科技成果转化基地等。

2019 年 5 月 28 日，《国务院关于推进国家级经济技术开发区创新提升 打造改革开放新高地的意见》：支持符合条件的国家级经开区打造特色创新创业载体，推动中小企业创新创业升级。提升开放型经济质量，赋予更大改革自主权，打造现代产业体系，完善对内对外合作平台功能，加强要素保障和资源集约利用。

（二）社会导向视角

2014 年 11 月 26 日，《国务院关于创新重点领域投融资机制 鼓励社会投资的指导意见》：实行统一市场准入，创造平等投资机会；创新投资运营机制，扩大社会资本投资途径；优化政府投资使用方向和方式，发挥引导带动作用；创新融资方式，拓宽融资渠道；完善价格形成机制，发挥价格杠杆作用。

2015 年 5 月 1 日，《国务院关于进一步做好新形势下就业创业工作的意见》：支持举办创业训练营、创业创新大赛、创新成果和创业项目展示推介等活动，搭建创业者交流平台，培育创业文化，营造鼓励创业、宽容失败的良好社会氛围，让大众创业、万众创新蔚然成风。

2015 年 6 月 16 日，《国务院关于大力推进大众创业万众创新若干政策措施的意见》：推进大众创业、万众创新，就是要通过加强全社会以创新为核心的创业教育，弘扬"敢为人先、追求创新、百折不挠"的创业精神，厚植创新文化，不断增强创业创新意识，使创业创新成为全社会共同的价值追求和行为习惯。

2015 年 9 月 26 日，《国务院关于加快构建大众创业万众创新支撑平台的指导意见》：把握发展机遇，汇聚经济社会发展新动能；创新发展理念，着力打造创业创新新格局；全面推进众创，释放创业创新能量；积极推广众包，激发创业创新活力；立体实施众扶，集聚创业创新合力；稳健发展众筹，拓展创业创新融资；完善市场环境，夯实健康发展基础；强化内部治理，塑造自律发展机制；优化政策扶持，构建持续发展环境。

2016 年 1 月 18 日，《国务院关于促进加工贸易创新发展的若干意见》：大力实施创新驱动。营造创新发展环境，增强企业创新能力，提升国际竞争力。创新发展方式，促进加工贸易企业与新型商业模式和贸易业态相融合，增强发展内生动力，加快培育竞争新优势。合理统筹内外布局。

2016 年 9 月 20 日，《国务院关于促进创业投资持续健康发展的若干意见》：围绕推进创新型国家建设、支持大众创业万众创新、促进经济结构调整和产业转型升级的使命和社会责任，推动创业投资行业严格按照国家有关法律法规和相关产业政策开展投资运营活动，按照市场化、法治化原则，促进创业投资良性竞争和绿色发展。

2016 年 12 月 13 日，《国务院关于印发中国落实 2030 年可持续发展议程创新示范区建设方案的通知》：推动落实联合国 2030 年可持续发展议程，充分发挥科技创新对可持续发展的支撑引领作用，瞄准未来 15 年全球在减贫、健康、教育、环保等方面的发展目标，以可持续发展理念为引领，以创新为第一动力，促进经济社会协调发展。

发挥科技创新在全面创新中的核心作用，有针对性地提出先进适用技术路线，形成系统解决方案，切实破解制约可持续发展的难题。

2017 年 4 月 19 日，《国务院关于做好当前和今后一段时期就业创业工作的意见》：坚持把就业放在经济社会发展的优先位置，强力推进简政放权、放管结合、优化服务改革，营造鼓励大众创业、万众创新的良好环境，加快培育发展新动能，就业局势保持总体稳定。在经济转型中实现就业转型，以就业转型支撑经济转型。

2017 年 7 月 27 日，国务院印发《关于强化实施创新驱动发展战略进一步推进大众创业万众创新深入发展的意见》：创新是社会进步的灵魂，创业是推进经济社会发展、改善民生的重要途径，创新和创业相连一体、共生共存。大众创业、万众创新深入发展是实施创新驱动发展战略的重要载体，加快科技成果转化，拓展企业融资渠道，促进实体经济转型升级，完善人才流动激励机制，创新政府管理方式。

2018 年 9 月 26 日，国务院印发《关于推动创新创业高质量发展打造"双创"升级版的意见》：进一步优化创新创业环境，大幅降低创新创业成本，提升创业带动就业能力，增强科技创新引领作用，提升支撑平台服务能力，推动形成线上线下结合、产学研用协同、大中小企业融合的创新创业格局，为加快培育发展新动能、实现更充分就业和经济高质量发展提供坚实保障。

2018 年 11 月 23 日，国务院印发《关于支持自由贸易试验区深化改革创新若干措施的通知》：支持自贸试验区深化改革创新，进一步提高建设质量，营造优良投资环境，提升贸易便利化水平，推动金融创新服务实体经济，推进人力资源领域先行先试，切实做好组织实施。

二、2020 年政策文件梳理

2020 年是极不平凡的一年。面对突如其来的新冠疫情，创新创业政策也在继续发挥积极作用，国务院和国务院部门在这一年发布了 12 份"大众创业万众创新"政策文件，从科技导向和社会导向两个视角按照时间顺序梳理如下：

（一）科技导向视角

2020 年 2 月 19 日，《工业和信息化部、财政部关于举办 2020 年"创客中国"中小企业创新创业大赛的通知》：激发创新潜力，集聚创业资源，营造创新创业氛围，共同打造为中小企业和创客提供交流展示、产融对接、项目孵化的平台，发掘和培育一批优秀项目和优秀团队，催生新产品、新技术、新模式和新业态；提升中小企业专业化能力和水平，推动中小企业转型升级和成长为专精特新"小巨人"企业，支持大中小企业和各类主体融通创新，助力制造强国和网络强国建设。

2020 年 2 月 21 日，《国务院办公厅关于推广第三批支持创新相关改革举措的通知》：已于 2017 年、2018 年分两批推广 36 项改革举措，决定在全国或 8 个改革试验区域内推广第三批 20 项改革举措，包括科技金融创新方面 7 项、科技管理体制创新方面 6 项、知识产权保护方面 2 项、人才培养和激励方面 1 项、军民深度融合方面 4 项。

2020 年 2 月 24 日，国家发展和改革委员会等 11 部委联合印发《智能汽车创新发展战略》：智能汽车已成为全球汽车产业发展的战略方向，加快推进智能汽车创新发展，提升产业基础能力，突破关键技术瓶颈，增强新一轮科技革命和产业变革引领能力，培育产业发展新优势，培育数字经济，壮大经济增长新动能。

2020 年 3 月 26 日，科技部印发《关于推进国家技术创新中心建设的总体方案（暂行）》的通知：国家技术创新中心定位于实现从科学到技术的转化，促进重大基础研究成果产业化，以关键技术研发为核心使命，产学研协同推动科技成果转移转化与产业化，为区域和产业发展提供源头技术供给，为科技型中小企业孵化、培育和发展提供创新服务。

（二）社会导向视角

2020 年 3 月 7 日，《教育部关于应对新冠肺炎疫情做好 2020 届全国普通高等学校毕业生就业创业工作的通知》：充分用好公共就业人才服务资源，强化线上就业创业指导，促进毕业生多渠道就业，引导毕业生到现代农业、社会公共服务等领域就业创业，深入挖掘互联网、大数据、人工智能和实体经济深度融合创造的就业机会，落实大学生创业优惠政策，加强创业平台建设。

2020 年 4 月 4 日，国家发展改革委办公厅《关于开展社会服务领域双创带动就业示范工作的通知》：围绕家政服务、养老托育、乡村旅游、家电回收等就业潜力大、社会急需的服务领域，对"双创"带动就业成效突出的项目进行集中宣传推广和资源对接，引导更多服务领域大中小企业融通创新，发展更多线上线下相结合的服务业态，带动更多市场主体贴近强大国内市场需求大胆创新、积极创业、带动就业。

2020 年 4 月 17 日，财政部、人力资源社会保障部、中国人民银行《关于进一步加大创业担保贷款贴息力度 全力支持重点群体创业就业的通知》：更好发挥创业担保贷款贴息资金引导作用，扩大覆盖范围，适当提高额度，允许合理展期，降低利率水平，合理分担利息，简化审批程序，免除反担保要求，提升担保基金效能，鼓励地方加大支持力度，强化统筹协调与激励约束。

2020 年 4 月 24 日，国家发展改革委办公厅等《关于开展双创示范基地创业就业"校企行"专项行动的通知》：提升"双创"服务"六稳"特别是稳就业作用，拓展创业带动就业空间，释放一批就业岗位，提供一批创业就业导师，发布一批创新创业需求，对接一批优秀创业项目，打造一批创业就业服务品牌，组织一批成果展示。

2020 年 6 月 13 日，农业农村部和国家发展改革委等九部门《关于深入实施农村创新创业带头人培育行动的意见》：以实施乡村振兴战略为总抓手，紧扣乡村产业振兴目标，强化创新驱动，加强指导服务，优化创业环境，培育一批扎根乡村、服务农业、带动农民的农村创新创业带头人，发挥"头雁效应"。

2020 年 7 月 30 日，国务院办公厅印发《关于提升大众创业万众创新示范基地带动作用 进一步促改革稳就业强动能的实施意见》：把"双创"示范基地打造成为创业就业的重要载体、融通创新的引领标杆、精益创业的集聚平台、全球化创业的重要节点、全面创新改革的示范样本，积极应对疫情影响，巩固壮大创新创业内生活力。

2020 年 12 月 1 日，《教育部关于做好 2021 届全国普通高校毕业生就业创业工作的通知》：积极拓展政策性岗位，包括引导毕业生围绕城乡基层社区各类服务需求就业创业；积极拓展市场化岗位，广泛汇聚市场化、社会化就业创业资源，持续推进创业带动就业；进一步提升就业指导服务水平，加强领导和组织保障。

2020 年 12 月 24 日，《国务院办公厅关于建设第三批大众创业万众创新示范基地的通知》：聚焦稳就业和激发市场主体活力，着力打造创业就业的重要载体；聚焦保障产业链、供应链安全，着力打造融通创新的引领标杆；聚焦支持创新型中小微企业成长为创新重要发源地，着力打造精益创业的集聚平台；聚焦深化开放创新合作，着力打造全球化创业的重要节点。

· 软思想 ·

科学家精神

科学是人类探索自然同时又变革自身的伟大事业，科学家是科学知识和科学精神的重要承载者。以爱国、创新、求实、奉献、协同、育人为内核的科学家精神，是中国科技共同体在长期实践中积累的宝贵精神财富，是科技进步与创新的精神支撑。我国"十四五"时期以及更长时期的发展对加快科技创新提出了更加迫切的要求，我国比以往更加强烈地需要大力弘扬科学家精神，凝心聚力，激发创新活力和潜力。2019 年 6 月，中共中央办公厅、国务院办公厅印发《关于进一步弘扬科学家精神加强作风和学风建设的意见》，提出要营造良好的学术生态，激发全社会的创新创造活力，让科技创新生态不断优化，学术道德建设得到显著加强，新时代科学家精神得到大力弘扬，在全社会形成尊重知识、崇尚创新、尊重人才、热爱科学、献身科学的浓厚氛围，为建设世界科技强国汇聚磅礴力量。

第三节　人工智能创新创业的治理创新

一、人工智能创新创业的政策探索

（一）中国政策探索

从 2015 年上半年开始，中国人工智能政策和"双创"政策同时起步发力，人工智能政策从辅助走向引领、从科技走入市场、从应用走进创新，"双创"政策也不断走到高质量发展的道路。以"双创"升级版政策和《2019 年国务院政府工作报告》为例，可以看出中国人工智能政策与"双创"政策的融合共进，为人工智能创业提供了日益完善的政策支撑平台。2018 年 9 月国务院印发《关于推动创新创业高质量发展打造"双创"升级版的意见》中提出"深入推动科技创新支撑能力升级"的要求，强调要深入推进工业互联网创新发展，更好发挥市场力量，加快发展工业互联网，与智能制造、电子商务等有机结合、互促共进。2019 年 3 月，政府工作报告在"发展新动能快速成长"部分，着重强调创业的重要性，将其置于"重大科技创新成果相继问世"的背景，提出新兴产业蓬勃发展，传统产业加快转型升级，大众创业、万众创新深入推进。

因此，人工智能政策与"双创"政策的融合点在于创新，不仅是科技领域的创新，而且是发展新动能的创新，通过人工智能创业活动改变生产生活方式、塑造中国发展新优势。研究发现，中国人工智能政策文件中人工智能科技创新体系、智能经济、智能社会等主题的词频较高，政策内容指出重大科技项目实施和军民融合路线是建设智能社会、发展智能经济、构建人工智能科技创新体系的重要路径。智能社会主要聚焦于智能服务、社会治理智能化、公共安全保障能力、社会交往共享互信等方面，体现出智能社会新常态需要新的社会保障服务体系来维持其正常运行的政策特征。智能经济方面最关注的是"产业智能化升级"，即对已有产业或传统产业的智能化升级是人工智能发展的重点任务，智能企业建设发展和人工智能创新高地战略目标也是国家发展智能经济的重要任务。

值得注意的是，中国人工智能政策与创新创业政策的交会点在于民生和社会福祉。从国家及各省份的人工智能创新创业相关政策文件中可以看出，"智能农业""智能医疗与健康""民生服务智能化""就业"等主题词出现频率较高，不论人工智能和创新创业被提到怎样的高度，重点解决的核心问题还是社会民生。截止到 2021 年 1 月，在中国政府网站的国务院政策文件库中，全文含有"创新""创业""人工智能"的国务院文件有 39 份，在这些文件标题中，除了科技创新、信息化、战略性新兴产业、互联网+、科技成果转化等与技术创新直接相关的关键词外，更多见的是如下与社会民生密切相关的治理主题：综合改革、一体化在线政务服务、释放内需潜力、新旧动能转换、自由贸易试验区、长江经济带、稳就业、职业技能提升、养老托育服务、企业松绑减负、产教融合、健康医疗、康复产业、体育产业、畜牧业等。

· 热应用 ·

智能养老

机器人养老服务成为行业探索新风向。根据环球网的报道，中国正在引进人工智能技术，以优化其居家养老服务，为老年人提供一些高科技设备。比如，中医体质辨识机器人，配备最新的面部识别系统，可根据用户的需要进行身体检查并提供相应的医疗建议，可以通过在舌头上覆盖涂层进行中医健康检查，甚至还能进行"情感"测试，当发现患者情绪低落时，机器人会提供必要的医疗建议。再如，智能老人护理平台问世，可以让老年人在家里自己测试血压和血糖水平，并将数据发送到附近的社区医院，如果老人的健康状况出现异常，设备会将实时的健康数据发送到医生端和服务中心以协助甚至救援。尽管养老服务机器人已具雏形，前景广阔，但目前来看，在应用方面，养老服务机器人的使用似乎还有很大的改进和发展空间。随着我国对养老产业的重视，智慧养老市场的逐渐打开，未来势必会有更多的人工智能技术应用于这一产业。

（二）国外政策探索

美国。2016 年 10 月，美国白宫发布《为人工智能的未来做好准备》《国家人工智能研究和发展战略计划》两份报告，将人工智能上升到美国国家战略高度，为国家资助的人工智能研究和发展划定策略，确定了美国在人工智能领域的七项长期战略。2019 年 6 月，美国发布《国家人工智能研究和发展战略计划：2019 年更新版》，对 2016 版《国家人工智能研究和发展战略计划》进行全面更新，为联邦政府投资人工智能研究制定一系列目标，并确定了八个战略重点，为联邦政府在人工智能研发上的投资确定优先领域。

英国。2016 年 10 月，英国下议院科学和技术委员会发布《机器人技术和人工智能》，此报告指出机器人和人工智能研究、资助和创新的前景广阔，其发展在带来生产力及效率提升和人们生活、工作方式彻底改变的同时，可能引起道德和法律问题，国家政府应建立机器人和人工智能常务委员会，制定监管该技术发展与应用的准则。2018 年

4月，英国政府发布《产业战略：人工智能领域行动》，提出英国应对人工智能带来机遇和挑战的总体战略，其中包括加大研发、技能和管理创新方面的投入、支持各行各业通过应用人工智能和数据分析技术提高生产力、设立数据伦理和创新中心等内容。

日本。2015 年，制定"人工智能产业化工程表"，宣布在未来十年将投入 1 000 亿日元资金，用于四个重点领域人工智能研发，包括健康医疗、交通物流、信息安全以及人才培养。2018 年 6 月，日本政府在人工智能技术战略会议上出台关于推动人工智能普及的计划，包括推动研发与人类对话的人工智能以及在零售、服务、教育和医疗等行业加快人工智能的应用，以节省劳动力并提高劳动生产率。

以色列。2019 年 1 月，以色列创新局发布《以人工智能促进经济增长》报告，指出围绕人工智能技术的全球竞争已经开始，为了让以色列继续在全球技术竞争中处于领先地位，必须充分调配资源并制定政府、学术界和行业共享的国家人工智能战略。2019 年 11 月，由以色列总理指示而成立的人工智能专门委员会揭露以色列国家级人工智能计划，计划提出以色列将以成为人工智能的世界五大国之一为目标，政府以五年为一期，每年投资约 2.89 亿至 5.8 亿美元开发人工智能技术，总共投资约 28.93 亿美元于人工智能领域。

加拿大。加拿大政府财政预算详细介绍了一份五年计划《泛加拿大人工智能战略》，计划提出：政府计划拨款 1.25 亿加元支持人工智能研究及人才培养。同时，该战略包含四个目标，分别为增加人工智能研究者、毕业生数量，创建三个卓越的科学团体，培养理解人工智能经济、道德、政策和法律含义的思想领袖，支持专注于人工智能的国家研究团体。2018 年 2 月，加拿大创新、科学和经济发展部部长宣布推出"超级集群创新"项目，以加拿大政府为核心的"创新能力"计划开始，通过研究新的方法来促进产业合作，协调工业、科学研究机构和中介机构间工作的领导企业的合作伙伴关系，打造世界领先的创新生态系统，创造新的就业机会。

澳大利亚。2018 年 5 月，在澳大利亚 2018 ～ 2019 年度预算中，政府宣布了一项为期四年的 2 990 万澳元投资计划，用以支持澳大利亚人工智能的发展。政府将制定一份"技术路线图"、一个"标准框架"和一个"国家人工智能道德框架"，支持人工智能负责任发展。这笔投资还将支持合作研究中心项目、博士奖学金以及其他旨在增加澳大利亚人工智能人才的举措。2018 年 1 月，澳大利亚政府发布《澳大利亚愿景2030：通过创新实现繁荣》，提出将致力于成为世界顶级创新型国家，阐明政府加速本国创新体制建设及在 2030 年实现这一愿景的路线图。

印度。2018 年 6 月，印度出台《人工智能国家战略》，重点研究印度如何利用人工智能这一变革性技术来促进经济增长和提升社会包容性，寻求一个适用于发展中国家并可在其他发展中国家复制和推广的人工智能战略部署。

二、人工智能创新创业的治理探索

(一) 良法

法治兴则国兴, 法治强则国强。法治是人类文明进步的重要标志, 是治国理政的基本方式, 是创新创业"最好的营商环境"。面对人工智能技术所引起的风险问题, 创新创业者首先应该关注的是守住人工智能产品底线。人工智能创新创业治理应避免技术作恶, 为此, 法律法规方面需要做大量工作, 包括制定行业标准和规范以及从国家层面完善、出台相关法律法规, 从而对人工智能技术发展进行把控。不过, 人工智能创新创业方面的法律, 不应等同于惩戒的镣铐, 而是建立包容性社会的工具, 为此, 法律界要与技术创新和创业领域合作, 这样通过良法治理人工智能技术的目标才能达成。

目前, 世界各国的相关立法工作已经展开, 但是挑战与机遇并存。2016 年欧盟委员会法律事务委员会在一项动议中将最先进的自动化机器人身份定位为"电子人", 2017 年沙特阿拉伯授予机器人"索菲亚"公民身份, 引发了公众对人工智能系统法律主体资格的疑问。2017 年 9 月 22 日, 浙江省绍兴市警方侦破全国首例利用人工智能侵犯公民个人信息案件, 摧毁入侵网站"黑客"团伙、利用人工智能技术识别图片验证码团伙等 43 个团伙, 成功截留被盗公民个人信息 10 亿余组, 引发了公众对人工智能应用中个人信息安全的关注和担忧。2019 年 8 月, 国内首个人工智能安全与法治导则《人工智能安全与法治导则(2019)》在世界人工智能大会唯一的安全分论坛上正式发布, 从算法安全、数据安全、知识产权、社会就业和法律责任五大方面, 对人工智能发展的安全风险做出科学预判, 提出安全与法治应对策略。

2021 年,《中华人民共和国民法典》(简称《民法典》)正式开始实施。针对人工智能发展之后出现的 AI 换脸技术,《民法典》第 1019 条规定任何组织或个人不得以丑化、污损, 或者利用信息技术手段伪造等方式侵害他人的肖像权。针对计算机、人工智能算法和语音识别技术的发展,《民法典》首次将声音权作为一种独立的新型人格权予以特殊保护, 以适应未来人格利益发展的需要。《民法典》第 1023 条第二款规定, 对自然人声音的保护, 参照适用肖像权保护的有关规定。根据《民法典》的规定, 在现实生活中, 除合理使用等情形外, 任何组织和个人未经同意, 不得制作、使用、公开他人的声音。

当然, 发挥监管作用的良法不是在限制人工智能创新创业, 而是为了更健康可持续发展。通过科学研判新问题, 采取对症下药的准措施, 全面排查或摸清不足之处, 从而帮助人工智能新业态新模式不断成熟完善, 让良法成为人工智能创新创业活力的守护者。例如, 网约车出现之初也曾暴露安全问题, 但通过监管与行业的持续互动, 作为新业态的网约车如今实现了更加健康的发展。

（二）善治

党的十九届四中全会通过《中共中央关于坚持和完善中国特色社会主义制度、推进国家治理体系和治理能力现代化若干重大问题的决定》，最终目的是达到良好的社会治理，即走向善治。关于如何实现善治，《群书治要·傅子》中讲："明君必顺善制而后致治，非善制之能独治也；必须良佐有以行之也。"这说明，实现善治必须具备两个条件：善制（完善的制度）和良佐（德才兼备的领导人才）。换言之，公正的制度必须得有正义美德的人才能设计出来，而即使公正的制度设计出来了，也必须有正义美德的人才能实施到位。

人工智能创新创业为"善治"提出了新挑战。当前，以数字经济为代表的新业态新模式蓬勃发展，不仅创造出了强大的创业潜力、就业能力和经济价值，也为社会、文化等领域带来了深刻改变。创新创业既蕴藏着无限潜力，也意味着风险和不确定性。2020年年底，多个与新业态新模式有关的监管新规向社会公开征求意见，拟将小额贷款、直播带货、平台经济等新业态新模式纳入监管，是健全国家治理急需的法律制度、满足人民日益增长的美好生活需要必备的法律制度的体现。对监管部门来说，在鼓励创新的同时进行有效监管，在包容与审慎中找到平衡点，才能实现良法善治的目标。

人工智能创新创业也为"善治"提供了"智"方案。随着人工智能嵌入"中国之治"，"善治"也不断涌现新范式、新工具、新模式，"智治"是当今社会治理方式现代化的体现之一。智治意味着智能化建设上升为重要的治理方式，推进社会治理体系架构、运行机制、工作流程智能化再造。为此，在治理的基础设施方面，要统筹规划政务数据资源和社会数据资源，完善基础信息资源和重要领域信息资源建设，通过创新创业构建并完善万物互联、人机交互、天地一体的网络空间；在治理的应用体系方面，要推进和拓展人工智能在社会治理场景的创新应用和创业探索，提高网络安全态势感知、事件分析、追踪溯源能力，加强工业、能源、金融、电信、交通等关系国计民生的重要行业、领域关键信息基础设施安全保护。

2020年以来，以数字经济为代表的新业态新模式的重要性愈发凸显，成为对冲疫情影响、重塑产业格局和提升治理能力的重要力量。为此，中国主张国际社会应该为大数据、人工智能和物联网等数字经济营造更加有利的发展环境，为各国科技企业创造公平竞争环境，不仅有助于克服疫情造成的割断、阻塞和恐慌，而且有助于解决长期困扰人类社会的贫困、气候变化和生态环境恶化等问题。中国的经验表明，伴随人工智能科技革命和产业变革，良法善治作为一种人类命运共同体理念和意识，将更好地为新业态新模式的健康可持续发展保驾护航，让人民群众共享人工智能创新创业带来的发展红利。

| 他山石 |

俄罗斯人工智能产业发展政策

俄罗斯人工智能产业发展呈现出政府、军事与市场三大板块平行推进的态势，其中，政府版块占据强势主导地位，军事版块形成独立发展闭环，市场版块成长能力相对偏弱。由于俄罗斯人工智能产业结构重心倾向政府一侧，因此，政府力量而非市场体制成为沟通产业体系内各要素的桥梁。虽然发展模式不够均衡，但基础研发、人才培养和军事工业等个别领域的比较优势，使俄罗斯在全球人工智能产业的实际地位依然不低。

2019 年年底，俄罗斯总统普京批准了《2030 年前俄罗斯国家人工智能发展战略》，确定了俄罗斯人工智能发展战略的六大重点：建立俄罗斯人工智能人才库；研究人工智能理论；政府在医疗、信息存储和自动驾驶等领域积极推动人工智能技术的应用发展；制定相关的政策，让人工智能技术促进经济发展；在社会广泛传播人工智能给人们带来的便利之处；在国防科技方面应用人工智能技术，增加国防力量。同时，普京还出席了莫斯科首届"人工智能之旅"国际会议，并强调人工智能关系着国家未来。

思考讨论

人工智能与社区治理

家庭用水监测系统可以记录每套公寓的实时用水量，目前已被上海静安区居委会采用，安装在了静安区 15 名独居老人家里。居委会工作人员表示，通过检查传输到他们在线管理系统的用水数据，将能够判断老年人是否安全、是否在家里生活正常，如果在用水方面有明显差异，社区志愿者会进行入户检查。"没有人能离开水而生存。所以不管他们如何节约用水，总有人在用水。因此，通过监测他们的用水量，我们基本上可以判断他们是否正常生活。"类似家庭用水监测系统的人工智能产品和服务，目前正在越来越多的社区得到应用。特别是在疫情防控过程中，社区作为联防联控第一线，再次发挥出社会治理的基础阵地作用。

请根据上述材料，查阅人工智能应用于社会治理的案例做法，围绕医疗健康、养老托育、环境保护等主要社会问题，讨论如何让人工智能新技术更好地服务社区治理、提升社会福祉。

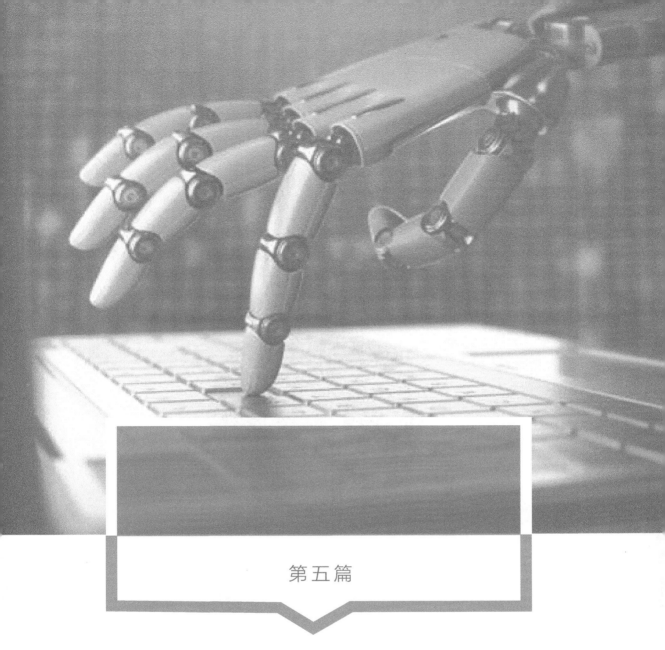

第五篇

展望模块：育人才

第十讲　人工智能与创新创业教育

■ 本讲概要

▶ 人工智能与教育变革

▶ 人工智能教育现状

▶ 人工智能与创新创业的教育融合基础

▶ 人工智能与创新创业的教育融合类型

▶ 人工智能创新创业教育展望

第 十 讲

人工智能与创新创业教育

中国风···　　因材施教

2000 多年前，面对不同学生的相同问题"闻斯行诸"，孔子"因材施教"给出了不同的回答，而迄今为止"因材施教"仍是教师追求的终极方向、教书育人的核心要义。因材施教的关键在于了解学生的个性特点和知识薄弱点，从而找到能力空白点和培养着力点，但是这在教学现实中并非轻而易举，一师对多生的客观现状使细致观察和深入洞察每个学生成为难题。

如今，人工智能作为新型教育技术甚至教育模式正在融入和重塑教育，成为因材施教的"超级大脑"。人工智能的通用型技术和教育过程中的数据，与教育专家的经验有效地结合起来，可以形成一个"教育超脑"，从而更好地为各种教育场景服务。比如，能够科学高效地把教育过程中的各种场景信息转换成未来支撑教育服务的大数据，精准全面地评价学生、指出学生学习中的各种问题，最后为学生提供量身定制的个性化教学方案，真正实现从以教为中心转为以学为中心。

第一节　人工智能教育

一、人工智能与教育变革

（一）教育关系的变化

人工智能已经成为教育界和产业界关注和热议的焦点话题，作为一项新型教育技术，优化了教师和学生的教育关系。对教师而言，人工智能与教育融合意味着教师可以通过人工智能技术更加科学、高效地处理教育信息和教学数据，从而更加精准、深入地开展学情分析和教学决策，最终实现因材施教和人才培养的教育目标。对学生而言，人工智能与教育融合意味着学生可以通过人工智能技术更加全面地参与教学过程、更加个性化地实现学习诉求、更加创造性地提升能力素养。

更为重要的是，人工智能作为一股社会变革潮流，冲击甚至重构了教育中人与人、人与社会、人与机器的关系。教育与人类发展的关系、教育与社会发展的关系，是教育学研究的两大根本主题，但是在信息化、互联网、区块链与人工智能技术叠加发展的新时代，教育与机器的关系日渐成为教学过程中新兴且具挑战性的主题，以人工智能为代表的新技术甚至成为讨论教育与人的发展、教育与社会的发展等传统教育关系的重要物质前提。人与智能机器的交互甚至融合打破了主客二分、人与非人的世界观，尤其是智能机器和人机结合体具备了可能超过人类的学习与思维能力，使教育主体与客体、教师主观与客观、教学人与物、学习人与非人这些原本严格分明的界线变得模糊甚至消弭。

这就意味着人工智能在教育过程中，不再仅仅是载体和工具，还会成为教育主体和教育对象。比如，会出现越来越多的机器人教师，虚拟教师至少可以承担一部分的教育教学职能，并且不只是依靠程序、指令、算法运行，还能依靠自我意识、自主学习与自主思维运行，在教育与学习的某些环节和某些方面超过自然人教师。再如，会出现越来越强大的人机结合体，机器会逐步成为学生课堂学习、课下实践与社会生活的一部分，尤其是在智能穿戴设备、可植入设备的加持下，成为人机结合体的学生学习方向，不只是追求人的发展和社会的发展，还可能转向机器的技术发展路径。

为此，学校作为教育场所，亟待从传统的物理空间转型为新型的社会网络。学校教育实现了人类教育从分散的个别教育到有整合的组织教育，历经前几次工业革命的教育内涵和组织模式不断丰富，不过，人工智能带来的技术变革却更可能颠覆和重构学校教育系统，使学校教育的空间边界从有形到无形、时间节点从有限到无限。例如，互联网、物联网、5G 技术特别是人工智能技术在教育中越来越广泛的应用，使学校成为万物互联网络的一个组成部分，学校与其他社会组织之间的空间边界消失。再如，随着技术的日新月异，学校教育不再是固定不变、有头有尾的线性过程，而可以成为开放灵活、个性多样的迭代循环过程，学校教育与终身学习能够成为有机整体。

（二）人工智能教育的演变

人工智能教育在 20 世纪 80 年代就已受到研究关注，起初主要解决人工智能技术在教育中的应用以及学习辅助系统的设计问题。经过数十年的发展，人工智能教育也不断演变，形成了智能导学系统（intelligent tutoring system，ITS）、教育数据挖掘技术（educational data mining）、学习分析技术（learning analytics）和学习科学研究社区（the international society of the learning science）等多个代表性领域。

具体而言，智能导学系统的核心前提是有效理解人类的一对一教学，定位在通过个性化导学辅助学生课后学习以提高其学习效果，比如文本答案自动评价根据评分规则进行精确分类，构建适应性学习体验。教育数据挖掘技术则是通过挖掘学生在学习过程中产生的数据（包括脑电信号、眼动仪、皮电信号、表情识别等多模态数据），理解学习者的学习模式并进行相关预测。学习分析技术即测量、搜集、分析并报告关于学习者和学习环境的数据，如解释学习行为、识别高效学习模式、检测低效错误、引入合理教学干预、把握学习进度等，理解和优化学习过程以及学习环境。学习科学研究社区则着重关注如何使用技术或非技术手段，提升实际教学效果，致力于更好地理解学习者的认知过程，并利用各种手段提高学习者认知效率和深度。

2019 年 3 月，联合国教科文组织发布了《教育中的人工智能：可持续发展的挑战和机遇》工作报告（以下简称为《报告》），从三个方面着重探讨了教育中人工智能可持续发展的相关问题：一是利用人工智能改善学习和促进教育个性化、公平性和包容性；二是利用人工智能为学习者的未来做准备，帮助学生为"就业革命"做好准备；三是人工智能在教育中应用的挑战和政策影响，驱动教育管理步入全新轨道。《报告》提出了实现人工智能教育可持续发展愿景的三大途径及其子目标和行动策略：一是构建人工智能时代的教育生态系统，重塑教育活动的时空结构、学习资源的分布形态以及教育者和受教育者之间的关系；二是建设与发展教育科学中的人工智能，利用教育变革推动具有特殊性和复杂性的人工智能学科建设与发展；三是开发与利用教育大数据，优化教育系统、促进教育创新和变革。

2019 年 5 月，联合国教科文组织在北京召开了首届人工智能与教育大会，会议主题为"规划人工智能时代的教育：引领与跨越"，100 多个国家、10 余个国际组织的500 多位代表与会，发布了联合国教科文组织第一份关于人工智能与教育的重要文件《北京共识》(Beijing Consensus on Artificial Intelligence and Education)，主要围绕 10 个议题规划人工智能时代的教育：政策制定、教育管理、教学与教师、学习与评价、价值观与能力培养、终身学习机会、平等与包容的使用、性别平等、伦理问题、研究与监测。

二、人工智能教育现状

（一）中小学人工智能教育

如今，人工智能已经逐步深入到中小学教育课程体系、教材建设和教学内容当中。2003 年 4 月，教育部发布的《普通高中技术课程标准（实验）》首次提出在信息技术课程中设立"人工智能初步"选修模块。2017 年 7 月，中共中央、国务院印发《新一代人工智能发展规划》提出到 2030 年我国新一代人工智能发展的指导思想、战略目标、重点任务和保障措施，指出"支持开展形式多样的人工智能科普活动""实施全民智能教育项目，在中小学阶段设置人工智能相关课程"。2018 年 4 月，教育部印发的《教育信息化 2.0 行动计划》提出"信息素养全面提升行动"，要求"完善课程方案和课程标准，充实适应信息时代、智能时代发展需要的人工智能和编程课程内容"。2018年 1 月出版的《普通高中信息技术课程标准（2017 年版）》中，则进一步地将人工智能的内容更充分地融入信息技术课程中。最新的高中信息技术标准设计了"人工智能初步"（包含人工智能基础、简单智能系统开发、人工智能技术的发展与应用三部分内容）作为高中课程方案选择性必修模块，明确制定了课程内容和学业标准，并对教学策略提出建议。

同时，人工智能教育也在加速中小学教师实现智能升级。2019 年，教育部印发的《关于实施全国中小学教师信息技术应用能力提升工程 2.0 的意见》提出以信息化教学方法创新、精准指导学生个性化发展为重点，创新机制建设教师信息素养培训资源，积极引入大数据、云计算、虚拟现实和人工智能等前沿技术支持的实物情景和实训操作等培训资源。2020 年，教育部等六部门联合印发《关于加强新时代乡村教师队伍建设的意见》，提出深化师范生培养课程改革，优化人工智能应用等教育技术课程，把信息化教学能力纳入师范生基本功培养。

（二）高等学校人工智能教育

高等学校教学科研和社会服务是关乎国家未来实力和影响力的重要一环，如何在高等教育领域开展人工智能高端人才培养，已经成为各国人工智能战略的核心问题。培养人工智能专业人才，加强人才储备，是提高国际竞争力的关键。这需要在高等教育中引入与人工智能前沿技术相关的新课程，优化本科、硕士和博士阶段的培养方案。政府机构、大学和合作伙伴需要共同合作，解决人工智能人才的短期和长期需求，为在科学、技术、工程和数学方面打下扎实基础，加强跨学科研究和培训的能力建设。

教育部在 2018 年颁布了《高等学校人工智能创新行动计划》，将完善人工智能领域的人才培养体系作为三大重点任务之一，强调"要完善学科布局、加强专业和教材建设、加强人才培养力度、开展普及教育、支持创新创业，全方位综合性地提出指导高校人工智能领域人才培养的指导方针"，计划到 2020 年建设 100 个"人工智能 +X"复合特色专业、编写 50 本具有国际一流水平的本科生和研究生教材、建设 50 门人工智能领域国家级精品在线开放课程以及建立 50 家人工智能学院、研究院或交叉研究中心。

世界各国也都高度重视高等教育领域人工智能人才培养力度。例如，加拿大政府在 2017 年制定了《泛加拿大人工智能战略》，目标旨在大规模增加加拿大人工智能方向的研究人员和毕业生数量，支持三大人工智能研究中心发展，研究人工智能进步所带来的经济、伦理、政策和法律等问题，支持全国性的人工智能研究和规划以确保加拿大在人工智能研究与创新领域的领先地位。再如，瑞典作为欧洲数字化程度最高的国家之一和欧洲独角兽企业诞生摇篮，积极为企业、高等教育机构和公共部门提供交流平台，通过北欧人工智能网络聚集并利用北欧大学在人工智能领域的创新资源，致力于使北欧成为人工智能研究、教育和创新的全球中心。

（三）人工智能与特殊教育

除了在基础教育和高等教育领域取得的成绩外，人工智能在特殊教育领域也有很大施展空间。1994 年召开的世界特殊需要教育大会上首次提出"全纳教育"（inclusive education）的概念，指出学校应该接受所有儿童，特别是特殊需要学生。全纳教育理念是全民教育思想的延伸与拓展，本质在于提倡教育公平，尤其是关注度较低的弱势群体的受教育权利，不仅强调教育平等，而且重视对残疾儿童特殊教育需求的满足。

缺陷补偿理论作为特殊教育的重要理论之一，提出了缺陷补偿的两种形式：一是用未受损的机体补偿已受损的机体，进而出现新的机体组合和新的联系；二是运用新的技术手段治疗已受损机体，使其得到部分或全面的康复。以听障学生为例，人工智能技术的应用能够有效地延伸听力器官功能，补偿听障生的听力缺陷或损失，不仅确保信息最大限度地传递给听障生，为听障生适应教育场景提供必要信息，还能促进智能化教学工具、教学模式、教学评价与教学管理方式的创新，帮助听障生获得更佳的学习体验。当前，人工智能与特殊教育深度融合，不断促进学习过程个性化、教育环境开放化、情感表达外显化、评价机制多元化、学习时长终身化，从而把缺陷补偿的价值发挥到最大，以人工智能技术弥补特殊学生身体或智力的不足，帮助其尽快回归主流社会。

· 热应用 ·

无障"爱"的智能创业

人工智能教育领域的创业者和企业正在为特殊教育做出贡献。一些创业团队研发出特殊教育机器人，没有侵略性、不会嘲笑更不会欺负孩子，而且能够基于大数据分析，为每一个特殊儿童制定个性化、差异化教学方案，为特殊教育工作者提供助教服务，从而积极调节了孩子的学习情绪、开发出他们的学习潜力，不断提升这些孩子的社交能力、自信心和学习成效。还有一些创业型公司在特殊教育学校建设"AI 图书馆""AI 宿舍""AI 教室"，通过安装人工智能音箱等设备，让特殊教育学校的学生拥有更加便捷的学习生活环境。还有一些科学家团队通过产学研结合，利用人工智能技术为孤独症儿童提供线上的人机交互教育干预，为孤独症儿童开创安全和经济的泛在学习模式，实现了人工智能科技创新成果应用推广和社会服务共赢。

第二节　人工智能与创新创业的教育融合

人工智能正在变革创新创业教育生态，这场变革不是创新创业教育发展的阻碍，而是创新创业教育进步的契机，因为技术创新与创业行动在人类历史上一直都是相互促进、彼此交会，因此，人工智能时代的创新创业教育正在与人工智能融合、因人工智能赋能。

一、融合基础

（一）学科交叉基础

学科是一套系统有序的知识体系，根据学术本质属性划分为不同科学门类。不过，科学并不是分科之学，即使在 19 世纪就基本形成了科学的分科格局，但是学科的边界其实一直呈现模糊和不确定状态。近代科学发展特别是科学上的重大发现，国计民生中的重大社会问题的解决等，常常涉及不同学科之间的相互交叉和相互渗透。随着人工智能为代表的数字技术快速发展，依靠单一学科研究或仅从一个视角或层面已经很难解决复杂而充满不确定性的科学问题。因此，学科之间的深度交叉融合为人工智能创新发展提供了新的突破点。

学科交叉意指众多学科之间的相互作用，交叉形成的理论体系，实质上是交叉思维方式的综合、系统辩证思维的体现。学科本身不是一成不变的，学科交叉可视为学科发展、演化的动态过程，最终呈现出交叉学科、边缘学科、跨学科和超学科等多种学科形态。其中，交叉学科是指不同学科之间相互交叉、融合、渗透而出现的新兴学科。2020 年 8 月，教育部公布了"学位授予单位（不含军队单位）自主设置二级学科和交叉学科名单"，"交叉学科"成为继"哲学、经济学、法学、教育学、文学、历史学、理学、工学、农学、医学、军事学、管理学和艺术学"之后的第 14 个学科门类。

学科交叉为人工智能与创新创业教育融合提供了科学支撑。从"新工科"建设角度来看，人工智能与创新创业教育融合意味着将现有的理工学科专业分割状态变为多学科教育交叉融合培养人才，建设新兴领域专业课程体系和新课程，提升新工科专业教师学科交叉能力，使教学科研项目能真正体现新产业发展要求，特别是新兴产业对于复合型工科人才的迫切需要，激励高校深化产教融合、推进校企协同育人。从"新文科"建设角度来看，人工智能与创新创业教育融合意味着包括"新商科"在内的文科教育也要响应新技术大潮实现创新发展，不仅要夯实创新创业基础学科，还要拥抱人工智能积极发展新兴学科，如人工智能和大数据等数字经济领域的创新管理与创业应用新知识体系，让人工智能在"工 + 文""医 + 文""农 + 文""理 + 文""文 + 文"等新文科建设中发挥催化作用。

（二）学术创业基础

学术创业将学术知识创新和创业价值创造两个主题进行了整合，成为创业领域的重要课题。学术创业是科学实现价值诉求的过程，通过学者和学术组织的创业行为，加速新知识从诞生到商业化的进程，最大化知识的创新价值，从而提升知识对社会发展的贡献水平。在这个背景下，大学作为重要的学术组织，其学术创业行为日益受到管理和教育领域的关注。可以说，学术创业正在推动大学从围墙高筑的"象牙塔"转型为催生创业的"孵化器"，激励不少学者投身创业并成为一股不容忽视的创业力量，从而对科学和社会的变革发展产生重要影响。

根据学术创业导向的不同，学术创业可分为三种类型：一是内向型学术创业，行动主体是那些在学术组织内部主要从事基础科学研究的学者，他们所从事的创业活动主要是对既有科学实践进行创新，如提出新的理论或发现、构建新的研究领域或范式，而这类创业的目的不是实现技术或商业的用途，只是寻求对科学进步的贡献，实现在同行范围内地位或声誉的最大化。二是外向型学术创业，行动主体追求具有潜在的或具体市场价值的创新活动，他们的目标是获取发明专利或发明许可以及开创一家衍生企业或新企业，并在商业化的过程中寻求经济利润的最大化。三是中间型学术创业，行动主体通过机构间的合作进行创新，从而获取经济或知识资源来支持他们的研究项目或团队，并通过机构间或多学科的联合丰富自己的研究。

学术创业为人工智能与创新创业教育融合提供了两种行动方向：一种是侧重于创业导向的直接方式，即人工智能与创新创业教育融合，旨在通过顶尖的人工智能科研成果来实现价值创新并获取竞争优势，典型代表就是人工智能领域学者创办衍生企业，在技术创新转化为商业价值过程中，教育伙伴不只是科研同行，更多的是技术人员、企业家和技术市场，人工智能创新创业教育不只是提供公共知识，还可以转化为私人产品。另一种是侧重于学术导向的间接方式，即立足于大学的教学科研活动，聚焦人工智能企业的组织衍生以及学生的相关创业行为，包括在校生从事人工智能创新创业活动、毕业生开创人工智能新事业、就业后转向人工智能领域再创业、在企业内基于人工智能开展公司创业等。

从大学整体层面来看，人工智能与创新创业教育融合亟待高校树立创业型大学教育理念，让大学教育突破教室和校园边界，向科技创新的前沿实践领域拓展教学空间。通过人工智能与创新创业教育融合，培育甚至孵化出能够在现实中真正运营的创业项目，而不是将教育仅停留在课本知识的传授层面，这也意味着人工智能创新创业教育的力量更具开放性和多元性，教师队伍不只包括专业教师，还包括校内能够提供项目支持的科研专家、校内外行政管理者和创业者。

（三）学生发展基础

学生是教与学的核心主体，学生发展是教育的中心议题。围绕学生发展的教育，立足学生当前状态，着眼未来发展目标，开发学生各方面潜力，激发学生自主性学习，设计创造性教学环境，实现终身性学习成长。人工智能时代为学生发展赋予了新内涵，学生发展要积极响应甚至主动引领科技创新发展，因此，以学生发展为中心的人工智能和创新创业教育，也需要通过融合不断促进学生的高质量发展。

创客教育是有机整合人工智能教育与创新创业教育的典型方式之一。面向人工智能时代的创客教育，不只是面向人工智能专业人才的精英培养模式，也是面向"大众创业、万众创新"人才的普惠培养模式，不仅可以孵化出从事人工智能科技创新的技术创客，使这些创客掌握扎实的技术功底和敏锐的创新视野，而且可以激发出契合人工智能时代发展的创客精神，让更多学生具备人工智能创新创业意识和素养。当前，人工智能开放平台、智能机器人、物联网等新兴技术手段为创客教育提供开放、新颖的体验和创意实践平台，从基础教育到高等教育领域，学生都可以进行人工智能相关的创客项目实战研发，从创客学习体验中感受新兴技术带来的社会变革，用自己的创客作品展示人工智能创新创业知识和技能以及价值追求。

人工智能与创新创业教育融合实现了学生学习的个性化和适切性。个性化意味着人工智能创新创业教育让学生的学习起点更加尊重个性差异，学习过程更加凸显个性特点，学习内容更加聚焦个性潜能，学习方法更加响应个性诉求，学习目标更加丰富个性发展。适切性意味着人工智能创新创业教育具备了科学分析、督导和服务学生发展的技术支持，学习过程可以依据表征学生表现的技术和数据来及时调整教学内容和教学手段，为学生掌握特定的创新创业知识和技能提供了基于个体习得的动态方法和独特体验。

二、融合类型

（一）基于理论和实践关系

根据理论和实践两个维度，可以将人工智能与创新创业的教育融合分为四种类型：培训应用型、助力技术型、加速创业型和创新模式型。

培训应用型是指"实践－实践"的教育融合类型，即人工智能技术实践与创新创业管理实践的教育融合，常见的做法有：通过案例故事指导人工智能创新创业的操作应用。目前，中小学人工智能教材多是为孩子们设计可以边玩边学的人工智能学习内容，虽然教材名称不包含创新创业，但教材内容不乏技术故事的普及和科创能力的开发。同时，面向社会大众的各类人工智能教育通过科普和培训方式提升人工智能创新创业实践技能，以此适应劳动力市场的变化。

助力技术型，是指"理论－实践"的教育融合类型，即人工智能技术理论与创新创业管理实践的融合，主要目标在于通过创新创业管理实践助力人工智能前沿技术落地。比如，不少高校人工智能教育不仅新增相关课程、专业和学院，而且特别重视大学科技园、创新创业基地等机构建设，目的是结合人工智能创新创业项目的开展，推动科研学术领域的人工智能技术通过创新创业教育，探索更好、更快地找到落地的应用场景。

加速创业型，是指"实践－理论"的教育融合类型，即人工智能技术实践与创新创业管理理论的融合，旨在通过人工智能技术实践加速创新创业管理理论升级。创新创业理论学习背后是创新创业思维的塑造和知识的构建，而人工智能实践会对创新创业思维的形成和知识演化带来重要影响，更要关注学生的人工智能创新创业思维和能力。以计算思维为例，这种源于人工智能技术实践的思维方式和知识能力，也已融入人工智能时代的创新创业教育体系当中。

创新模式型，是指"理论－理论"的教育融合类型，即人工智能技术理论与创新创业管理理论的融合，通过理论融合变革教育范式、打造新模式。这种类型旨在实现理论的交叉融合和实践的共建共享，通过集智创新催生新型教育和商业模式，表现形式之一就是"智能＋创业"的企业或组织层面活动，在模式创新的同时推动实现人的全面、自由、个性化发展，利用人工智能加快建设开放灵活的教育体系，促进全民享有公平、有质量、适合每个人的终身学习机会。

（二）基于硬件和软件关系

根据教育硬件即教育装备手段和教育软件即教育理念内容两个维度，可以发现人工智能与创新创业的教育融合比较常见的方式是人工智能教育硬件与创新创业教育软件融合，即将人工智能教育装备手段与创新创业教育理念内容相结合。

人工智能教育装备是指运用信息化与智能化技术手段，吸纳前沿的科技创新成果，实施和保障教育教学活动的先进的教育教学仪器、设备、设施以及相关软件的总称。《教育信息化 2.0 行动计划》明确提出，要依托各类智能装备和网络，积极开展智能化教学支持环境建设，加快智能教室、智能实验室和虚拟工程等智能教育装备及设施建设，加强智能教育助手、教育机器人、智能学伴等关键技术研究与应用。

人工智能教育装备融入创新创业教育，表现为以教育科学、认知神经科学、计算机科学等领域前沿成果为支撑，参考沉浸式学习、以学生为中心学习、建构主义学习等理念，关注创新创业教育的虚拟体验、实时仿真、自然交互、感知终端、研创环境、脑智测量、测量评价和管理分析等教育技术问题，通过各学科虚拟仿真实验设备和平台以及以机器嗅觉、机器触觉和情绪理解为基础的多模态感知终端等，来全面创设和支持基于真实创新创业问题情境的线上线下学习，实现教师、学生、环境、过程以及创新创业教学内容的自然交互，促进创新创业教学模式和教学手段的创新变革。

不过，人工智能与创新创业在教育软硬件方面的融合还有其他方式，比如将人工智能作为教育理念内容与创新创业教育理念内容相结合，这两种教育"软件"的交会并非简单添加，而是以数字教育为方向的共振。联合国可持续发展目标中的教育目标提出，教育要以培养人才的数字能力为方向，这就意味着人工智能创新创业者能够通过人工智能为代表的数字设备和网络技术，安全、适当地访问、管理、理解、集成、交流、评估和创建信息，以此参与经济和社会生活。可见，人工智能创新创业素养不是简单的 ICT 能力，而是包含创新创业的量化思维、计算思维、数据化思维在内的综合素养。构建和完备人工智能创新创业学习体系，不仅有助于学生采用越来越强大的数字技术来促进创新创业，更意味着重新思考和调整人工智能时代的教学内容和培养方案，建立跨学科、跨文化、跨时空的核心素养结构。

进一步，人工智能与创新创业在教育理念上的融合将带来教育范式的创新。范式是科学研究群体在一定时期内的思维原则、技术和价值观，反映了一套科学活动或理论体系的结构模式，但范式比模式的包容性更大、抽象性更强。从以教师讲授为中心到以学生学习为中心就是一种教育范式的变革，新范式的确立需要具备既能解决众所周知的突出问题，又能保留旧范式解决具体问题的能力，范式一经转变，世界观随之改变。人工智能创新创业教育冲击了同质化、同步化、集权化、标准化、考试化等传统教育范式，带来了教育范式的新变化，涉及教育目标、内容和方法等方方面面。比如，会对教育和教师队伍建设方向产生深刻影响：加速教育评价信息化改革、促进教师队伍现代化治理方式方法变革、强化人工智能时代教师立德树人的能力等。再如，对教育生态的再造，人类社会的感知世界、科学世界和想象世界的高度融合，使教育体系逐步打破三维空间的限制，实现更高级别的交互，而现在的线上线下教育融合其实只是在通向更高维学习世界里的初级形式。

· 软思想 ·

从 STEM 到 STEAM 教育

STEM 教育是让学生面对真实情境中的问题，将科学（science）探究、技术（technology）制作、工程（engineering）设计和数学（mathematics）方法有机统一，让学生运用跨学科的知识和方法来解决实际问题，从而获得应用跨学科的知识和方法，提升自身的创新意识和创新能力，以跨学科整合课程促进学生全面发展的一种教育方式。STEAM 教育则在 STEM 教育基础上加入了包括美术、音乐、社会、语言等人文艺术在内的艺术（arts）创造，主张卓有成效的科技创新与艺术创造具有相通之处，艺术素养能为科学技术和工程数学工作带来丰富想象、开阔视野和美好启发，可以直接或间接地触动和激发个体审美感知和创意冲动，从而充分实现创新成果的转化和价值的实现。

人工智能时代艺术创作与科学技术的融合已经受到高度认可和广泛关注，艺术教育关注的创造力、同理心、想象力和情感正是人工智能所无法取代的。目前，弱人工智能在语言、感性和创造力层面只能做到一定程度的模拟，至于强人工智能何时拥有主体性的创造力还不可期。不过，相信艺术教育与人工智能教育在更广范围、更深层次的融合，能够激发人类无限创造的潜能。

第三节 人工智能创新创业教育展望

人工智能不仅是一门亟待学习的创新技术，更是面向未来的创新趋势，其所蕴藏的创业机会和创新价值不容忽视，而且已经受到创新创业者的高度关注。当前人工智能带来的巨大影响，渗透在人类个体工作、生活的方方面面，颠覆甚至重塑经济增长和社会发展的范式。面对这次技术革命带来的冲击，创新创业教育必须要跟上这股技术浪潮，也应当去引领这场社会变革。

一、发展数字经济

数字经济是指以使用数字化的知识和信息作为关键生产要素、以现代信息网络作为重要载体、以信息通信技术的有效使用作为效率提升和经济结构优化的重要推动力的一系列经济活动。发展数字经济，有利于增强人类处理大数据的数量、质量和速度的能力，有利于推动人类经济形态由工业经济向信息经济 – 知识经济 – 智慧经济形态转化，进而极大地降低社会交易成本，提高资源优化配置效率，提高产品、企业、产业附加值，推动社会生产力快速发展，同时为落后国家后来居上实现超越性发展提供了技术基础。正是得益于数字经济提供的历史机遇，我国得以在许多领域实现超越性发展。

发展数字经济，一是要坚持均衡普惠的原则。加强新一代信息基础设施建设，提升互联网普及率，在拓展"互联网＋"应用中不断缩小"数字鸿沟"，让人们共享数字技术的红利。二是要贯彻深度融合的理念。既要壮大电子商务、云计算、网络安全等数字产业，也要通过推动互联网、大数据、人工智能与实体经济深度融合，创造出产业互联网、智能制造、远程医疗等数字化产业新业态，促进传统产业转型升级。三是要抓住全球数字经济快速发展的机遇。要发挥制造大国和网络大国的优势，不断提升数字技术研发能力和产业创新能力。

为此，人工智能创新创业教育要在要素、结构和功能等方面实现数字转型，服务数字经济发展。在教育要素方面，要突出人工智能为代表的数字技术特点，不断丰富教育要素的自由性、开放性、生产性和高效性内涵。在教育结构方面，要响应数字经济的复杂生态特征，让学校与数字世界紧密连接，实现在教育空间和时间上的系统再造。在教育功能方面，要提供灵活的场景与高阶的任务帮助学习者建构认知，依托人工智能技术所支撑的学习体验。总体而言，人工智能推动了知识创造和传播方式的创新，使每个创新创业学习者都能在知识创造中进一步发挥其价值，通过知识的社会化表达与分享实现自我价值和社会价值最大化。

联合国教科文组织在 2019 年发布的《教育中的人工智能：可持续发展的挑战和机

遇》中提出了数字能力素养评估框架（global framework to measure digital literacy），包括七个能力板块及其相关子能力，对人工智能创新创业人才培养具有参考价值。一是软硬件基础知识能力板块的子能力包括：硬件基本知识（如开关、充电、锁定设备）；软件基本知识（如用户账户和密码管理、登录以及如何设置隐私）。二是信息和数据素养能力板块的子能力包括：浏览、搜索、过滤数据、信息和数字内容；评估数据、信息和数字内容；管理数据、信息和数字内容。三是沟通与协作能力板块的子能力包括：通过数字技术互动；通过数字技术共享；通过数字技术实现公民参与；通过数字技术协作；网络礼仪；管理数字身份。四是数字内容创建能力板块的子能力包括：开发数字内容；整合和重建数字内容；版权和许可；编程。五是安全能力板块的子能力包括：保护装置；保护个人数据和隐私；保护健康和福祉；保护环境。六是问题解决能力板块的子能力包括：解决技术问题；确定需求和技术响应；创造性使用数字技术；确定数字能力差距；计算思维。七是与职业相关的能力板块的子能力包括：为特定职业领域（如工程设计软件和硬件工具）运行专用硬件、软件或使用学习管理系统提供完全在线或混合课程所需的知识和技能。

· 冷知识 ·

数字化转型

　　世界经济数字化转型是大势所趋。数字化转型以创新发展为方向，以数字经济和实体经济深度融合为根基，通过互联网、大数据、人工智能等新型数字技术对实体经济全方位、多角度、全链条的改造，深化数字技术在生产、运营、管理和营销等诸多环节的应用，实现企业及产业层面的数字化、网络化、智能化发展，不断释放数字技术对经济发展的放大、叠加、倍增作用。数字化转型是传统产业实现质量变革、效率变革、动力变革的重要途径，对推动我国经济高质量发展具有重要意义。

　　数字化转型的政策措施主要有：一是加大数字新基建的建设力度，充分发挥5G、数据中心、工业互联网等新型基础设施的头雁效应；二是强化系统的布局，组织实施制造业数字化转型行动计划，培育数据驱动型企业，鼓励企业以数字化转型加快组织变革和业务创新；三是继续打造系统化多层次的工业互联网平台体系，发展新模式新业态，促进大中小微企业融合发展，提升整个产业的整体竞争力。

二、服务智慧社会

2017年，党的十九大报告中首现建设智慧社会的表述，勾勒了中国未来发展的新图景。智慧社会意味着数字化和智能化的公共服务和社会治理，"只带一个手机就能出门"的生活方式，特别是新冠疫情防控期间的智慧科技应用，已经让人们真切感受到了智慧社会的便利。智慧社会是继农业社会、工业社会、信息社会之后人类社会发展的新阶段，以万物互联为基础、以大数据分析为手段、以人工智能为支撑、以智能化生产生活为目标，在精准分析"个体＋物理＋社会"关系的基础上，主动感知响应社会现象，预测和防范社会风险，为人们带来差异化、精细化、多元化的精准服务。

智慧城市是人工智能创新创业推动智慧社会建设的一个缩影。共享经济、共享单车、数字支付、智能应用程序、众包、众智等多样化的创新创业平台，为智慧城市市场体系建设提供了技术支撑；从中央到地方以及一些行业主管部门出台的规划政策，为智慧城市"互联网＋微经济"的治理体系建设提供了政策支撑。可以说，人工智能创新创业者成为智慧城市建设中最具活力的主体。例如，智慧零售助推中国网络购物屡创纪录，福建省推出的"数字福建"、浙江省推动的"最多跑一次"等智慧政务形式给老百姓带来了极大的便利，各个行业领域推出的智慧家居、智慧社区、智慧交通等平台也都展现出智慧社会的魅力。

不过，也需要清醒地认识到，互联网领域发展不平衡、规则不健全、秩序不合理等问题也日益凸显，因此，民生保障始终是智慧社会建设的核心使命。这就意味着人工智能创新创业教育，不能仅限于狭义的技术创新或商业创业领域，有必要充分依托信息化、智能化手段，培养人才放眼为群众提供多样化、普惠化、均等化的公共服务领域，让人工智能创新创业为经济社会可持续发展提供助力，推动社会发展鸿沟和数字鸿沟的弥合，保障更多民众享受到数字经济发展红利。目前，乡村振兴和积极应对人口老龄化，作为智慧社会建设的时代议题，值得人工智能创新创业教育重点关注。

脱贫攻坚取得胜利后，全面推进乡村振兴成为中国"三农"工作重心，而促进互联网、物联网、区块链、人工智能、5G、生物技术等新一代信息技术与农业融合已经成为乡村产业的工作要点，数字农业、智慧农业、信任农业、认养农业、可视农业等新业态为人工智能创新创业者提供了施展才能的广阔舞台，也为人工智能创新创业教育提供了服务"三农"工作的人才培养方向。

人口老龄化是今后较长一段时期我国的基本国情，积极应对人口老龄化是贯彻以人民为中心的发展思想的内在要求，而技术创新正是积极应对人口老龄化的第一动力和战略支撑，特别是要提高老年服务科技化、信息化水平，加大老年健康科技支撑力度，加强老年辅助技术研发和应用。国务院办公厅在 2020 年 11 月印发的《关于切实解决老年人运用智能技术困难的实施方案》就反映出老年人在运用智能技术方面依然存在不少困难，如何为老年人提供更周全、更贴心、更直接的便利化服务，这些社会痛点可以作为人工智能创新创业教学关注的市场机会，也会使人工智能创新创业教育培养出的人才更有温度。

三、建设绿色生态

伴随新一轮科技革命和产业变革的深入发展，绿色低碳循环发展成为大势所趋。党的十九大确立了高质量发展的重大命题，强调"创新、协调、绿色、开放、共享"的新发展理念，绿色发展是高质量发展的重要标志和底线，是引导经济发展方式转变，构建人与经济、自然、社会、生态、文化协调发展新格局的重要战略部署。2019 年 5 月，国家发展改革委、科技部印发《关于构建市场导向的绿色技术创新体系的指导意见》，明确了绿色技术的内涵体系。绿色技术具有服务绿色发展、人与自然和谐共生的属性，具有动态性和阶段性特征。从当前的发展实际看，面向绿色发展和生态文明建设的技术都属于绿色技术，是指降低消耗、减少污染、改善生态、促进生态文明建设、实现人与自然和谐共生的新兴技术，包括节能环保、清洁生产、清洁能源、生态保护与修复、城乡绿色基础设施、生态农业等领域，涵盖产品设计、生产、消费、回收利用等环节。

人工智能技术也可以作为绿色技术在创新创业领域为生态文明建设发挥积极作用，而且人工智能的绿色技术价值和关键地位也开始受到关注。从管理输入端看，人工智能领域的绿色技术是新兴创新资源和创业机会，而创新创业则成为这些绿色技术的主要转移方式；从管理过程看，人工智能领域的绿色技术嵌入创新创业各环节，共同推动企业管理范式从唯营利导向转型为社会创新导向；从管理输出端看，人工智能领域的绿色技术与创新创业的融合，不仅有助于企业通过创新技术创造出兼顾经济、环境和社会三重底线的可持续发展价值，而且促进了经济社会与自然生态各系统行动主体的联动。随着机器学习和深度学习的发展，人们现在可以利用人工智能的预测能力，以更好的数据驱动的环境过程模型来提高研判当前和未来趋势的能力，包括水的可利用性、生态系统的福祉和污染。

· 硬科技 ·

人工智能成为节能能手

通过华为公司在 5G 基站和数据中心两个领域的人工智能节能案例，可以看出人工智能技术正在成为绿色发展和生态建设进程中的标兵能手。中国 5G 基站数量在 2020 年已超过 80 万个，如何降低 5G 基站能耗和节约电力成为运营商降低运营成本的重要突破口。华为在线智慧节能方案可以自动采集网络话务、配置信息，采用人工智能技术对现网大数据进行智能分析建立网络话务模型，并基于话务模型预测未来话务走势，精准识别覆盖层和容量层，从而在保障设备寿命及用户体验的前提下，实现节能效果最大化，比如与上海移动的合作预计每年全网 5G 站点可节电 1 500 万度，等量减少 1.5 万吨二氧化碳排放。同时，随着云计算、物联网等产业崛起，数据中心作为终端海量数据的承载与传输实体数量增长加快，不过耗电成本也剧增，比如电费通常占数据中心运营成本的 50% ～ 70%。为了解决数据中心运营中的节能问题，华为率先推出商用的人工智能能效优化解决方案并在多地云数据中心应用，仅华为廊坊基地云数据中心的年节省电费就达近千万元人民币。

不过，从全面提升绿色发展和高质量发展的要求来看，人工智能创新创业活动还存在绿色技术创新能力不强、绿色产业竞争力较弱、低能耗产业比重偏小等问题。为此，有必要在人工智能创新创业教育中深入贯彻绿色发展理念，探索生态文明与科技创新、经济繁荣相协调、相统一的可持续发展新路径，推动人工智能创新创业教育关注节能减排，为优化绿色生态环境做出教育贡献。比如在教育过程中重点关注污染治理、清洁生产、绿色装备等绿色技术创新领域的应用问题，推动绿色生态领域的深度研发和环保产品的创新供给，培养人才投身绿色化、智能化和可再生循环进程，参与各类组织的绿色转型，成为绿色、高效、低碳的生产体系和生活方式的先行者。

在 2020 年 9 月召开的第七十五届联合国大会上，中国向世界作出庄严承诺：力争于 2030 年前实现碳达峰、2060 年前实现碳中和。这为中国经济社会发展全面绿色转型指明了方向。绿色教育理念应当成为人工智能创新创业教育的核心理念，人工智能创新创业人才需要树立鲜明的环境保护意识、绿色发展素养，学校以新农科、新工科、新理科、新文科建设为引领，统筹推进绿色人才培养模式变革，为生态文明建设提供高质量的人工智能创新创业人才支撑。

| 他山石 |

瑞士高校的人工智能行动

　　瑞士是全球领先的人工智能枢纽，是众多国际知名人工智能领域大学及研究机构的所在地，包括苏黎世联邦理工学院、洛桑联邦理工学院、圣加仑大学以及位于卢加诺的 IDSIA 等。瑞士的人工智能前沿技术已成功吸引了谷歌、IBM 和微软等国际巨头在此进行研究。瑞士同时拥有全世界数量最多的人工智能专利，进驻企业可以得到有效的技术转让、可持续的软件系统以及各州政府与中央政府的商业化支持。

　　2010 年 12 月，瑞士成立了国家机器人能力研究中心，由洛桑联邦理工学院、苏黎世联邦理工学院、苏黎世大学以及瑞士达勒莫尔学院四所大学联合组建，主要任务是加强对可穿戴机器人以及救援机器人的研究。此外，该中心百余位教授和研究者还承担公众机器人教育，促进科研并实现知识和技术商业转化的任务，向创新创业者提供成熟的、系统化的帮助，其中包括帮助他们获得资金支持、完善商业计划以及建立与当地相关产业公司的联系，以使成熟的新项目能以最快的速度进入市场。

思考讨论

绿色生产生活方式与人工智能创新创业

　　大力倡导绿色低碳的生产生活方式，从绿色发展中寻找发展的机遇和动力，对中国经济高质量发展具有重要意义。绿色生产方式以管理和技术为手段，实现从源头到末端的全过程"绿化"；绿色生活方式是一种勤俭节约、文明健康的现代生活方式，也会进一步倒逼生产方式实现绿色转型。

　　请查找人工智能在绿色生产生活领域的应用案例，分析案例中的创业者、团队或企业开展人工智能绿色创新创业活动的动因、过程和效果，并结合中国生态文明建设实际，谈谈数字技术在绿色发展领域的创业机会和创新价值。

参考文献

[1] 安蓓，王雨萧. 数字经济提速！我国力推 15 种新业态新模式 [EB/OL]. (2020-07-15)[2021-06-20]. http://www.gov.cn/xinwen/2020-07/15/content_5526996.htm.

[2] 本刊编辑部. 2015-2018 年双创相关政策一览 [J]. 今日科技，2019，51(6):8-9.

[3] 本刊编辑部. 背书：国家大力发展人工智能 [J]. 机器人技术与应用，2018，31(2):16-17.

[4] 本刊编辑部. 推动大众创业万众创新共建繁荣美好的中国 [J]. 中国经贸导刊，2015，32(23):1.

[5] 本刊编辑部. 我国人工智能政策法规汇编 [J]. 中国信息安全，2018，9(5):74-76.

[6] 蔡恩泽. "人工智能＋教育"变革任重道远 [J]. 互联网天地，2019，16(6):35-38.

[7] 蔡跃洲，陈楠. 新技术革命下人工智能与高质量增长、高质量就业 [J]. 数量经济技术经济研究，2019，36(5):3-22.

[8] 蔡自兴，邹小兵. 移动机器人环境认知理论与技术的研究 [J]. 机器人，2004，26(1):87-91.

[9] 曹静，周亚林. 人工智能对经济的影响研究进展 [J]. 经济学动态，2018，59(1):103-115.

[10] 陈杰. 与产业融合才是 AI 落地的关键 [J]. 中国科技财富，2019，22(4):64-64.

[11] 陈劲，陈钰芬. 开放创新体系与企业技术创新资源配置 [J]. 科研管理，2006，27(3):1-8.

[12] 陈劲，陈钰芬. 企业技术创新绩效评价指标体系研究 [J]. 科学学与科学技术管理，2006，27(3):86-91.

[13] 成长春. 坚持"四个面向"加快建设科技强国 [N]. 学习时报，2020-11-25.

[14] 迟红刚，徐飞．从技术创新到社会技术系统转型：工业革命先导产业创新驱动发展的历史启示 [J]．科技管理研究，2016，36(24):1-7．

[15] 刁建超，连慧．各地已发布省级人工智能产业发展政策情况分析 [J]．科技资讯，2018，16(28):248-251．

[16] 董斌．20 世纪 60 年代北京发展"高精尖"工业的历史与启示 [J]．当代中国史研究，2016，23(5):62-70．

[17] 方晓红．促进我国数字经济发展初探 [J]．农村经济与科技，2019，30(5):288-289．

[18] 方旭，张茂林，张赛宇．印度人工智能教育战略及启示 [J]．信阳师范学院学报（哲学社会科学版），2020，40(3):73-79．

[19] 冯彩玲，张丽华．变革 / 交易型领导对员工创新行为的跨层次影响 [J]．科学学与科学技术管理，2014，35(8):172-180．

[20] 冯英娟．政策有效性视阈下人工智能产业发展对策研究 [J]．长春理工大学学报（社会科学版），2018，31(6):95-99．

[21] 付蓝．世界互联网大会组委会发布《携手构建网络空间命运共同体》[J]．计算机与网络，2019，45(21):12-13．

[22] 高铭暄，王红．互联网＋人工智能全新时代的刑事风险与犯罪类型化分析 [J].暨南学报（哲学社会科学版），2019，40(9):1-16．

[23] 耿阳．充分发挥人工智能在疫情防控中的作用 [N]．经济日报，2020-07-23(11)．

[24] 郭佳良．找回行动主义：技术理性失灵背景下公共价值管理研究的展开逻辑 [J]．公共管理与政策评论，2019，8(3):52-61．

[25] 郭利明，杨现民，段小莲，等．人工智能与特殊教育的深度融合设计 [J]．中国远程教育，2019，39(8)：10-19．

[26] 郭巍．解读 | 中国人工智能国家政策及解读（一）[EB/OL]．(2018-01-22)[2021-06-20]．https://www.qianjia.com/html/2018-01/22-283111.html．

[27] 何雪峰．技术引进，合作共赢：中国 – 瑞士人工智能高峰论坛在深成功举办 [EB/OL]．(2019-10-26).http://static.nfapp.southcn.com/content/201910/26/c2744546.html?group_id=1．

[28] 何云峰．人工智能不只是带来失业挑战 [EB/OL]．(2017-06-27)[2021-06-20]．http://www.xinhuanet.com//tech/2017-06/27/c_1121217022.htm．

[29] 何云峰．挑战与机遇：人工智能对劳动的影响 [J]．探索与争鸣，2017，33(10)：107-111．

[30] 何哲．完善大数据、人工智能统筹治理机制 [EB/OL]．(2019-01-03)[2021-06-20]．http://ex.cssn.cn/zx/bwyc/201901/t20190103_4805512.shtml．

[31] 胡军. "以哲学代宗教" ——冯友兰哲学观管窥 [J]. 中州学刊, 2003, 25(4): 158-162.

[32] 黄坚. 二十世纪五六十年代上海"高精尖"发展方针的提出与演进 [J]. 中共党史研究, 2017, 30(2): 84-92.

[33] 黄蔚. 人工智能如何与教育携手同行 [N]. 中国教育报, 2018-03-29(10).

[34] 华盾, 封帅. 弱市场模式的曲折成长: 俄罗斯人工智能产业发展探微 [J]. 俄罗斯东欧中亚研究, 2000, (3): 98-128.

[35] 华为. 2020 年可持续发展报告 [EB/OL]. (2020-07-07)[2021-06-21]. https://www.huawei.com/cn/news/2020/7/huawei-2019-sustainability-report.

[36] 纪慧生, 姚树香. 制造企业技术创新与商业模式创新协同演化: 一个多案例研究 [J]. 科技进步与对策, 2019, 36(3): 90-97.

[37] 季凯文. 人工智能时代带来的机遇及应对策略 [J]. 中国国情国力, 2017, 26(12): 26-28.

[38] 贾开, 蒋余浩. 人工智能治理的三个基本问题: 技术逻辑、风险挑战与公共政策选择 [J]. 中国行政管理, 2017, 33(10): 40-45.

[39] 科技部. 科技部关于印发《国家高新区绿色发展专项行动实施方案》的通知 [EB/OL]. (2021-01-29)[2021-06-20]. http://www.gov.cn/zhengce/zhengceku/2021/02/02/content_5584347.htm.

[40] 李宏堡, 袁明远, 王海英. "人工智能 + 教育"的驱动力与新指南: UNESCO《教育中的人工智能》报告的解析与思考 [J]. 远程教育杂志, 2019, 37(4). 3-12.

[41] 李华晶. 创业管理 [M]. 北京: 机械工业出版社, 2020.

[42] 李会军, 席酉民, 王磊, 等. 从离散到汇聚: 基于批判实在论与多重范式视角的商业模式研究框架 [J]. 管理评论, 2019, 31(9). 207-218.

[43] 李新春, 胡晓红. 科学管理原理: 理论反思与现实批判 [J]. 管理学报, 2012, 9(5). 658-670.

[44] 李巍. 一体论与周期论: 早期中国的循环思维 [J]. 哲学研究, 2020, 66(3): 52-61.

[45] 林嵩. 创业生态系统: 概念发展与运行机制 [J]. 中央财经大学学报, 2011, 31(4): 58-62.

[46] 刘海滨. 人工智能助力装备制造智能化 [J]. 军民两用技术与产品, 2018, 31(19): 14-22.

[47] 刘杰. 浅谈本科生《人工智能原理》课程教学 [J]. 教育教学论坛, 2019, 11(41): 221-222.

[48] 刘茂锦. 人工智能用于新闻业的法律、伦理问题及对策 [J]. 青年记者, 2018,

78(6): 96-97.

[49] 刘鹏. 应对风险与挑战人工智能治理已成全球共识 [J]. 人工智能, 2019, 6(4): 61-69.

[50] 刘阳. AI 领域需要这样的创新思路 [J]. 机器人产业, 2019, 5(2): 43-49.

[51] 刘余莉. 重视研究中国之治的传统文化根基 [J]. 社会治理, 2020, 6(12): 50-52.

[52] 刘宇飞, 孔德婧, 屈贤明. 融入人工智能技术的规模定制生产服务模式发展研究 [J]. 中国工程科学, 2018, 20(4): 118-121.

[53] 刘志阳, 王泽民. 人工智能赋能创业: 理论框架比较 [J]. 外国经济与管理, 2020, 42(12): 3-16.

[54] 马克·珀迪, 邱静, 陈笑冰. 埃森哲: 人工智能助力中国经济增长 [J]. 机器人产业, 2017, 3(4): 80-91.

[55] 马强, 远德玉. 技术行动的嵌入性与技术的产业化 [J]. 自然辩证法研究, 2004, 20(5): 71-74.

[56] 苗逢春. 引领人工智能时代的教育跃迁: 2019 年北京国际人工智能与教育大会综述 [J]. 电化教育研究, 2019, 40(8): 5-14.

[57] 倪弋. 人工智能的法律三问 [N]. 人民日报, 2018-05-02(18).

[58] 倪芝青, 严晨安. 提升城市竞争力: 从探索杭州"双创"之路起步 [J]. 杭州科技, 2019, 50(2): 3-8.

[59] 庞静静. 创业生态系统研究进展与展望 [J]. 四川理工学院学报 (社会科学版), 2016, 31(2): 53-64.

[60] 彭学兵, 张钢. 技术创业与技术创新研究 [J]. 科技进步与对策, 2010, 27(3): 15-19.

[61] 前瞻产业研究院. 细分领域存在更大发展空间——2018 年人工智能行业分析 [J]. 中国包装, 2019, 39(1): 88-90.

[62] 任友群, 万昆, 冯仰存. 促进人工智能教育的可持续发展——联合国《教育中的人工智能: 可持续发展的挑战和机遇》解读与启示 [J]. 现代远程教育研究, 2019, 31(5): 3-10.

[63] 申俊涵. 人工智能调查: 招聘动辄百万起, 人才荒成最大壁垒 [EB/OL]. (2018-03-05)[2021-06-20]. http://www.cb.com.cn/companies/2018_0305/1225968.html.

[64] 司南. 着力攻克关键核心技术 [N]. 人民日报, 2020-09-21(19).

[65] 孙晓华, 李宏伟. 管理效率的功能探析 [J]. 技术经济与管理研究, 2014, 35(4): 51-55.

[66] 孙志远, 鲁成祥, 史忠植, 等. 深度学习研究与进展 [J]. 计算机科学, 2016,

43(2): 1-8.

[67] 谭建荣，刘振宇，徐敬华. 新一代人工智能引领下的智能产品与装备 [J]. 中国工程科学，2018，20(4): 35-43.

[68] 谭铁牛. 人工智能的历史、现状和未来 [J]. 求是，2019，62(4): 39-46.

[69] 陶宗瑶. 外媒：中国引入人工智能技术优化居家养老服务 [EB/OL]. (2018-08-28) [2021-06-20]. https://smart.huanqiu.com/article/9CaKrnKbWvq.

[70] 田海平，郑春林. 人工智能时代的道德：让算法遵循"善法" [J]. 东南大学学报（哲学社会科学版），2019，21(5): 5-13.

[71] 田海平. 让"算法"遵循"善法" [N]. 光明日报，2017-09-04(15).

[72] 田慧. 印度：全球人工智能赛道上的"黑马" [A]. 人工智能资讯周报 [R]. 广州：海国图智研究院，2020，86.

[73] 汪长明. 坚持"四个面向"的理论逻辑 [N]. 学习时报，2020-09-23(6).

[74] 王国红，周建林，秦兰. 创业团队认知研究现状探析与未来展望 [J]. 外国经济与管理，2017，39(4): 3-14.

[75] 王弘钰，刘伯龙. 创业型领导研究述评与展望 [J]. 外国经济与管理，2018，40(4): 84-95.

[76] 王慧媞. 发展人工智能已成全球之势 [J]. 人民论坛，2018，27(2): 20-21.

[77] 王沛栋. 数字经济的发展探析 [J]. 中共郑州市委党校学报，2019，18(3): 30-32.

[78] 王沛霖. 人工智能迎来最好"春光" [J]. 机器人产业，2019，5(2): 2.

[79] 王萍，刘思峰. 基于 BSC 的高科技企业技术创新绩效评价研究 [J]. 商业研究，2008，51(9): 111-116.

[80] 王婷婷，任友群. 人工智能时代的人才战略——《高等学校人工智能创新行动计划》解读之三 [J]. 远程教育杂志，2018，36(5): 52-59.

[81] 王晓宁. 智慧与优雅并行，法国人工智能教育给我们什么启示 [J]. 师资建设（双月刊），2018，31(6): 81-83.

[82] 王燕妮. 新能源汽车社会技术系统发展分析 [J]. 中国科技论坛，2017，33(1): 69-75.

[83] 王哲. 人工智能产业发展将塑造智能经济雏形 [J]. 中国工业和信息化，2019，11(4): 44-50.

[84] 王振. 人工智能对产业发展的影响 [J]. 现代管理科学，2018，37(4): 58-60.

[85] 吴婧姗，王雨洁，朱凌. 学科交叉：未来工程师培养的必由之路——以机器人工程专业为例 [J]. 高等工程教育研究，2020，38(2): 68-75.

[86] 吴睿鸫. 警惕社区团购"烧钱大战"负面效应 [N]. 经济日报，2020-12-15(3).

[87] 吴晓林. 彰显智慧社会的中国价值 [N]. 光明日报，2021-01-21(2).

[88] 吴亚楠，肖潇，杜娟，等. AI 是企业贡献 SDGs 的"利器"——"人工智能助力联合国可持续发展目标"探索与实践 [J]. 可持续发展经济导刊，2020，19(7)：12-18.

[89] 吴月辉. 为新基建注入强动力 [N]. 人民日报，2020-06-08(19).

[90] 习近平. 论把握新发展阶段、贯彻新发展理念、构建新发展格局 [M]. 北京：中央文献出版社，2021.

[91] 肖峰. 人工智能与认识论的哲学互释：从认知分型到演进逻辑 [J]. 中国社会科学，2020，41(6)：49-71.

[92] 肖刚. 创新高校教育模式提升学生创业能力 [J]. 北京教育 (高教)，2016，37(10)：65-66.

[93] 新华社. 中国工程院院士王坚揭秘"数字驾驶舱" [EB/OL]. (2020-04-03)[2021-06-21]. https://baijiahao.baidu.com/s?id=1662919684565488305&wfr=spider&for=pc.

[94] 谢洪明，陈亮，杨英楠. 如何认识人工智能的伦理冲突？——研究回顾与展望 [J]. 外国经济与管理，2019，41(10): 109-124.

[95] 谢瑾岚，马美英. 区域中小企业技术创新能力测度模型及实证分析 [J]. 科技进步与对策，2010，27(12): 105-111.

[96] 谢毅梅. 人工智能产业发展态势及政策研究 [J]. 发展研究，2018(9): 91-96.

[97] 邢雁欣，龚群. 规范伦理学的四种进路 [N]. 光明日报，2017-09-25(15).

[98] 徐劲聪. 疫情中慢半拍的人工智能未来将如何作为？[EB/OL]. (2020-07-14)[2021-06-20]. https://www.sohu.com/a/407449171_161795?trans_=000019_hao123_pc.

[99] 徐瑞哲. 知识溢出，为区域创新提供源头支撑 [N]. 解放日报，2021-01-03(1).

[100] 许强，丁帅，安景文. 中关村示范区"高精尖"产业出口竞争力研究——基于出口技术复杂度 [J]. 现代管理科学，2017，36(9): 27-29.

[101] 闫宏秀. 用信任解码人工智能伦理 [J]. 人工智能，2019，6(4): 95-101.

[102] 杨亨东. 全球各国人工智能发展优势对比研究 [J]. 科技风，2019，32(26): 27.

[103] 杨俊，迟考勋，薛鸿博，等. 先前图式、意义建构与商业模式设计 [J]. 管理学报，2016，13(8): 1199-1207.

[104] 佚名. 从 7 方面解析：设计思维 101 是什么？ [EB/OL]. (2018-04-19)[2021-06-20]. https：//www.sohu.com/a/228741857_114819.

[105] 佚名. 解读《促进新一代人工智能产业发展三年行动计划 (2018-2020 年)》[J]. 机器人产业，2018，4(1): 80-82.

[106] 王俊岭. 数字贸易将成"双循环"加速器 [EB/OL]. (2020-09-08)[2021-06-20].

http://www.gov.cn/xinwen/2020-09/08/content_5541389.htm.

[107] 佚名. 支持"双创", 国务院出了哪些实招?[J]. 中国中小企业, 2016, 23(2): 23-25.

[108] 余建斌. 数字经济, 高质量发展新引擎 [N]. 人民日报, 2019-10-21(5).

[109] 袁家奇. 人工智能立法现状与法律问题研究 [J]. 环球市场信息导报, 2018, 24(38): 238-239.

[110] 张成岗. 人工智能的社会治理: 构建公众从"被负责任"到"负责任"的理论通道 [J]. 中国科技论坛, 2019, 35(9): 1-4.

[111] 张璁. 以良法善治保障新业态新模式健康发展 [N]. 人民日报, 2020-12-15(5).

[112] 张慧, 黄荣怀, 李冀红, 等. 规划人工智能时代的教育: 引领与跨越——解读国际人工智能与教育大会成果文件《北京共识》[J]. 现代远程教育研究, 2019, 31(3): 3-11.

[113] 张涛, 龚文全, 颜媚. 2018 年全球主要国家人工智能政策动向及启示 [J]. 信息通信技术与政策, 2019, 45(6): 81-83.

[114] 张桐. "中心 – 边缘"结构及其消解: 理解人类思维的新视角 [J]. 西北大学学报 (哲学社会科学版), 2017, 47(5): 89-94.

[115] 张立山. "人工智能 + 教育"的发展历史与研究进展 [J]. 人工智能, 2019, 6(3): 8-14.

[116] 张玉利, 吴刚. 新中国 70 年工商管理学科科学化历程回顾与展望 [J]. 管理世界, 2019, 35(11): 8-18.

[117] 赵广立. 决策智能: 方兴未艾的人工智能新方向 [N]. 中国科学报, 2020-11-19.

[118] 赵宇楠, 井润田, 董梅. 商业模式创新过程: 针对核心要素构建方式的案例研究 [J]. 管理评论, 2019, 31(7): 22-36.

[119] 赵云毅, 赵坚. 新产业革命推动城市空间资源再配置 [J]. 经济与管理研究, 2019, 40(9): 68-78.

[120] 郑娅峰, 王杨春晓, 严晓梅, 等. 我国智能教育装备发展现状及重点研发方向分析 [J]. 中国远程教育, 2020, 40(11): 11-19.

[121] 中国产业经济信息网. 人工智能数据标注产业国家政策梳理: 行业已上升至国家战略 [EB/OL]. (2021-02-04)[2021-06-21]. http://www.cinic.org.cn/xy/sz/mqzb/1032022.html.86.

[122] 周千祝, 曹志平. 技治主义的合法性辩护 [J]. 自然辩证法研究, 2019, 35(2): 30-35.

[123] 周子勋. 第 11 届中国经济前瞻论坛 | 李萌: ABCDEF 融合应用将成高质量发

展 新 方 向 [EB/OL]. (2019-12-01)[2021-06-20]. https: //baijiahao.baidu.com/s?id= 1651662046951804903&wfr=spider&for=pc.

[124] 朱秀梅，刘月，李柯，等. 创业学习到创业能力：基于主体和过程视角的研究 [J]. 外国经济与管理，2019，41(2)：30-43.

[125] 祝智庭，单俊豪，闫寒冰. 面向人工智能创客教育的国际考察和发展策略 [J]. 开放教育研究，2019，25(1)：47-54.

[126] 左红武，李泽建，库佳莹. 国内外商业模式创新研究热点对比分析 [J]. 重庆理工大学学报（社会科学），2018，32(12)：59-67.